森林报·秋

［苏］比安基◎著　焦庆锋◎编

彩色
美绘版

中国青少年必读名著

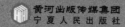
U0231652

黄河出版传媒集团
宁夏人民出版社

图书在版编目（CIP）数据

森林报·秋 /（苏）比安基著；焦庆锋编 . — 银川：
宁夏人民出版社，2015.11（2020.1 重印）
　（中国青少年必读名著）
　ISBN 978-7-227-06130-4

　Ⅰ . ①森… Ⅱ . ①比… ②焦… Ⅲ . ①森林—青少年
读物 Ⅳ . ① S7-49

　中国版本图书馆 CIP 数据核字（2015）第 259072 号

中国青少年必读名著
森林报·秋　　　　　[苏] 比安基　著　焦庆锋　编

责任编辑　管世献
封面设计　焦庆锋
责任印制　肖　艳

黄河出版传媒集团　出版发行
宁夏人民出版社

地　　址　银川市北京东路 139 号出版大厦（750001）
网　　址　http://www. yrpubm.com
网上书店　http://www.hh-book.com
电子信箱　renminshe@yrpubm.com
邮购电话　0951-5052104
经　　销　全国新华书店
印刷装订　三河市恒彩印务有限公司
印刷委托书号　（宁）0002435

开　　本　640mm×920mm　1/16
印　　张　12
字　　数　140 千字
印　　数　6000 册
版　　次　2015 年 11 月第 1 版
印　　次　2020 年 1 月第 2 次印刷
书　　号　ISBN 978-7-227-06130-4/S·351

定　　价　19.80 元

世界名著是人类文化艺术发展道路上的丰碑，它以生生不息的思想力量、经久不衰的语言魅力深深打动着一代又一代的读者。对于青少年而言，大量阅读文学名著，是行之有效的阅读行为。文学名著凭借超拔的构思、动人的故事、隽永的语言，实现了文学大家对自然与人类社会不凡的理解和想象。沉浸其中，会让你成为一个对事物有通达理解的人，一个个性健康、感情充沛、志趣高尚的人。总而言之，读名著对你的智商与情商的提高都有莫大的好处。

为了系统地向广大青少年传递世界名著精华，我们精心组织编写了这套《中国青少年必读名著》。我们从浩瀚的知识海洋中，撷取精华，汇聚经典，将最受世界青少年青睐的作品奉献给大家。该系列丛书会给读者朋友们打开一扇心灵的窗户，让读者朋友们在知识的天地里遨游和畅想，为青少年朋友们搭建一架智慧的天梯，让我们在知识时空中探幽寻秘。本套丛书内容健康、有益，紧扣中学生语文课标，集经典性、知识性、实用性、趣味性于一体。我们精选的这些名著都是经历了历史与时间的检验，是公认为最具有杰出思想内涵或文学艺术品位的名著，是一份让广大青少年朋友品味人类知识精华的大餐。

由于编纂时间仓促，加之编者水平有限，编写过程中难免出现纰漏，还望广大读者批评指正。

阅读导航 ➤➤➤

名家导读

名家导读就像浩瀚海洋中的灯塔，引导你正确地思考，在阅读引领的指引下开始每章的旅程。

延伸思考

伴随着故事情节的发展，针对一些关键性的情节展开疑问，加深读者对作品的印象。

中国青少年必读名著

林中大战（结束篇）

名家导读

树木之间也有战争，它们依靠自己的生长速度和高度来战胜其他树种，但它们也影响了其他生物的生长，所以要消灭掉它们。

我们做记者的，总算找了个地方，就是在那儿，林中的种族之间，发生战争的情况看起来已经成为历史了。

那个地方就是我们记者刚刚旅行时去过的一块砍伐地——云杉王国。

当然，目前我们应该已经了解到，这场很惨烈的战争的结局了。

大量的云杉，都在与白桦、白杨的殊死拼杀中被消灭了。但意外的是，云杉种族最终获得了此次战争的胜利。

它们的敌人都很老了。云杉的寿命比起白桦和白杨的来说，算是长的。已见衰亡迹象的白桦和白杨，现在是不能再像往常一样迅速地生长了，也就是说它们的生长速度已经不能和此时的云杉相提并论了。再看云杉的高度早已远远地超过了它们，更何况就在它们的头上已经张开了非常吓人的毛烘烘的大爪子，所以那些很喜好阳光的阔叶树已经开始枯萎了。

云杉迅速地生长着，没有一刻停下来的时候，只见它

延伸思考

云杉凭借自身的高度优势，战胜了白桦和白杨，它用自己高大的身躯遮挡着白桦和白杨的生长，所以云杉赢了。

暗藏什么玄机呢？

而最主要的问题是，这些鸟儿怎么知道秋天该往哪儿飞，越冬地在哪儿，该沿着什么路线飞呢？

这真是个难解之谜。比如说，一只雏鸟在莫斯科或列宁格勒附近孵化，却飞到遥远的非洲南部或印度去过冬。我们这儿还有一种飞得很快的小游隼，它从西伯利亚一直飞到澳大利亚，在那儿住一段时间后再回到西伯利亚，度过春天的美好时光。

名家点评

本篇讲述了森林里各种动物的过冬方法，躲到墙缝树皮里的，有的冬眠，有的迁徙，各种方法，这些动物真的厉害，它们自己就能知道飞到哪里过冬。

【疑问句式】
这是作者产生的疑问，为什么鸟儿们自己知道往哪儿飞可以过冬，或许它们身上有一种特殊的功能吧。

拓展训练

1. 北极鸭怎样过冬？
2. 金丝雀怎样过冬？
3. 小昆虫怎样过冬？

名家点评
每节故事后，都有名师对这节关键内容进行剖析，对精彩内容进行点评，让读者产生共鸣。

拓展训练
读过每一章的故事之后，我们不妨在思维拓展的问答题之下回味这一章精彩的瞬间。

阅读导航

目录 MULU

森林报·秋

第 7 期 候鸟离乡月

一年：12 个月的太阳诗篇 ………………………………1

森林中的大事 ……………………………………………4

城市新闻 ………………………………………… 17

林中大战（结束篇）………………………………… 34

集体农庄生活 ………………………………… 38

集体农庄新闻 ………………………………… 42

打猎 ………………………………………… 46

东南西北无线电通报 …………………………… 63

打靶场 ……………………………………… 73

公告 ………………………………………… 75

"火眼金睛"第 6 次测试 ……………………… 77

森林报·秋

第 8 期 粮食储备月

一年：12 个月的太阳诗篇——10 月 ……………… 79

林中大事记…………………………………… 83

农庄里的新闻………………………………… 109

城市新闻……………………………………… 113

打猎…………………………………………… 118

打靶场………………………………………… 128

"火眼金睛"第 7 次测试……………………… 130

森林报·秋

第 9 期 冬客临门月

一年：12 个月的太阳诗篇——11 月 ……………132

森林中的大事………………………………135

集体农庄新闻………………………………152

城市新闻……………………………………158

打猎…………………………………………162

打靶场………………………………………173

"火眼金睛"第 8 次测试……………………175

打靶场答案…………………………………178

"火睛金睛"竞赛答案及解析………………183

NO. 1

森林报·秋
第 7 期 候鸟离乡月

9 月 21 日到 10 月 20 日 太阳进入天秤宫

一年：12 个月的太阳诗篇

名家导读

春夏秋冬四季交替变换，夏去秋来，你知道各种生物是怎样过秋的吗？这个故事告诉你。

9 月——乌云密布，狂风怒号。天空中经常会是乌云密布，风刮得越来越厉害了，秋天的第一个月份走近了。

秋天，像春天一样，也有一份自己的工作日程表。只是，秋天和春天不同，它是从空中开始的。高高地长在头顶的树叶，正一点一点地改变着它的颜色——变黄，变红，变褐。这个时候，叶子一见阳光不够，就立刻开始枯

延伸思考

介绍了故事的时间，描写了这个季节的天气变化，乌云密布，狂风怒吼，天气变化无常。

萎，很快就失去了它原有的碧绿颜色。在树枝上长着叶柄的地方，形成一个颓败的圆环。甚至在无风的寂静的日子里，我们会突然看见，一片片黄色的桦叶和红色的白杨树叶在空中无声地飘来飘去。

延伸思考

通过对叶子的飘落描写，说明了秋天的来到，也说明了秋天的萧条，叶子们枯黄，飘落。

在清晨醒来之后，你会发现青草的上面已经结了白霜，因为初霜总是在黎明前出现。请将这记在你的日记里吧——从今天起，确切地说，应该就是从今夜起，秋天已经开始了。枝头越来越频繁地飘落着枯叶，直到最后，金风刮起，于是，森林色彩斑斓的夏装就全部被撕去了。

雨燕消失了踪迹。家燕和在这里度夏的其他候鸟结群搭伴，在夜里悄悄地踏上遥远的旅程。天越来越高远、空旷，水也越来越凉，人们再也不想到河里去洗澡了……

可是突然某一天，好像是为了表示对火热夏天的留恋，温暖的天气又回来了。甚至一连几天都是如此，晴朗无风，万里无云。一根根长长的细蜘蛛丝在宁静的空中飞舞着，泛着银光……田野里又闪耀着欣欣向荣的新绿。

延伸思考

【景色描写】描写了在已经来到的秋天里，忽然出现了返夏的现象，又让人们看到了点点生机。

村民们欢欢喜喜地看着田间生机勃勃的秋播作物，笑着说："秋老虎来了！"

森林里的居民们都开始做过冬前的准备了，漫长的冬季就要到来了。未来的生命都躲藏起来，把自己裹得严严实实、暖暖和和的——在春天到来之前，对那些生命的一切关怀都停止了。

唯一不怎么甘心的是兔妈妈，它不相信，夏天就这么不见了。它又生下了一窝小兔子，这就是我们可爱的"落叶兔"！

不过，夏天确实结束了。细柄的实用蕈都长出来了。候鸟说再见的月份到来了。

就跟在春天一样，《森林报》的记者从森林里给我们编辑部发来了一封又一封的电报：时时有新闻，天天有大事。就像在候鸟返乡月时那样，鸟儿又开始了大迁移。只不过，这一回是从北方飞向南方。

就这样，秋天开始了。

延伸思考

候鸟的迁徙，是季节变换的特征，只是这一次，是从夏天变到秋天，候鸟们从北方飞向南方。

名|家|点|评

本文描写了夏天过去，秋天已经来临。动植物都忙着做过秋的准备，树木为了保存养料，把叶子落了下来；候鸟们迁徙到南方了；其他动物开始准备过冬的食物；人们却乐呵呵的，因为他们看到了丰收。

拓展训练

1. 秋天来了，树木怎样？

2. 候鸟们怎样过秋？

3. 人们为什么高兴？

森林中的大事

名家导读

秋天来了，你知道森林里都发生什么事了吗？快看看吧！鸣禽消失了，麋鹿开战了，好多有趣的事啊！

森林里发来的第四封电报

一切穿着五颜六色华丽服装的鸣禽都已经消失了。它们是如何走的呢？我们没有看见，因为它们是在半夜的时候飞走的。

许多鸟儿更喜欢在夜里旅行——这样更安全。因为在黑暗中，游隼、老鹰和其他猛禽是不会逮它们的。白天的时候，猛禽们却会从森林里飞出来，在半路上等着它们。

在海上长途飞行路线上出现了成群的水鸟——野鸭、潜鸭、大雁、鹬等。这些长着翅膀的旅客会在旅途中做短暂停留，而停留的地点则恰恰是它们春天到过的地方。

森林里的树叶逐渐变黄了。兔妈妈又生下三只小兔。这是今年的最后一窝小兔。我们管它们叫落叶兔。

每天夜里，在海湾的泥岸上，都会印上一些小十字、小点子，它们布满了整个淤泥的地面。我们在这小海湾的

延伸思考

叙述了鸟儿们为什么在晚上旅行，原因是他们可以躲避凶猛飞禽的捕捉，这也是一种生存法则。

岸上，搭了一个小帐篷，因为我们想看看是谁在那里调皮。

离别的歌

白桦树上的叶子，已经没有几片了。光秃秃的树干上挂着一个椋鸟巢，它在秋风中显得孤孤单单的。也许巢的主人早就离开了，单把它丢在这里，随风晃来晃去。

奇怪，有两只椋鸟飞了过来。怎么回事？只见那只雌椋鸟飞进巢里，煞有其事地忙碌起来。雄椋鸟呢，蹲在树枝上，不住地向四周张望。然后，它唱起歌来，声音那么小，仿佛是自言自语。

不多会儿，雌椋鸟从巢里飞了出来，匆匆忙忙地向鸟群飞去。雄椋鸟也唱完了歌儿，跟了过去。是时候了，是时候了——不是今天，就是明天，它们就要开始长途远行了。

原来，它们是来跟这座小房子告别的。夏天的时候，它们曾在这里孵出了小鸟。

它们不会忘记这座小房子的。等春天来临，它们还要回来住呢！

晶莹剔透的早上

9月15号……秋老虎。和平时一样，我起了个大早，漫步在大花园里。

天高云淡，空气清新，虽已有淡淡的凉意，但能见度很好。在灌木、乔木和绿草之间，细细的蜘蛛网泛着银白色的光，网上点缀着一个个小小的"琉璃珠"，在大多数蜘蛛网的正中间，都会有只蜘蛛伏卧在上头。

有一张银白色的蜘蛛网挂在两棵小云杉的树干之间。在寒露的烘托下，晶莹剔透，惹人怜惜，让人不忍心去打扰它。而中间的蜘蛛静静地蜷缩在那里，像个小皮球似的。蜘蛛是在睡觉吗？嗯，有可能，因为没有苍蝇在飞。抑或它被冻得僵硬了？是不是它已被冻死了？

我忍不住用小指头尖很轻地触碰了小蜘蛛一下。

一小蜘蛛没有反抗，竟像一颗冷冰冰的小石子那样，啪地掉到了地上。

但是，它刚落在地上的草丛中，我就看见它立刻就跳了起来，拔腿就跑，很快就藏起来了。

真是一个狡猾的小骗子！

我很想知道，它是否还会回到这面网上来，它是否还能找到这张网，或者它会再织一张新的蜘蛛网？那得费多大的心思呀！跑前跑后、打结、绕圈子，够费事的呀！

小露珠在细草尖上抖动着，就像在长长的睫毛上颤动的泪珠一样。它们闪耀着光辉，散发着喜悦。

在道路的两侧，还长着最后一批小野菊花。它们耷拉着用花瓣做的白裙子，等待着太阳温暖的拥抱。

在清凉的、纯净的、仿佛玻璃一样清澈透明的空气里，一切都是那么漂亮、华丽，让人看了心情舒畅：缤纷

【比喻描写】
细细的蜘蛛网，在作者的笔下，那么美，小小的蜘蛛也成了"琉璃珠"了。

【动作描写】
描写了蜘蛛的伪装术，它一动不动原来是为了蒙蔽敌人，等自己落地后迅速逃跑。

多姿的树叶，被露水和蜘蛛网染成银色的青草，夏天不常出现的幽蓝的小河……

我所看到的最难看的东西，是一棵冠毛粘在一起的、残缺的、湿漉漉的蒲公英；还有一只毛茸茸的灰蛾，它的脑袋七零八碎，大概是被鸟儿啄的吧。想想夏天的时候，蒲公英头上戴着成千上万顶小降落伞，是多么的神气呀！灰蛾呢，则顶着光溜溜的脑袋，浑身毛茸茸的，也是生机勃勃的！不过，它们现在好可怜。我把灰蛾放在蒲公英上，捧在手里，让森林上方的阳光照着它们，这样照了很久。这两个冷冰冰、只剩下一点儿活气的家伙——灰蛾和蒲公英，又慢慢地苏醒过来了。蒲公英头上粘在一起的小降落伞晒干了，又变成白净净、轻飘飘的样子，并且能够升起来了；灰蛾的翅膀也逐渐恢复了活力，变成毛茸茸的青烟色。这两个可怜巴巴的丑家伙也变得漂亮了。

在森林的另一个角落里，有一只嘴里叽里咕噜地嚷嚷着的琴鸡。

我靠近灌木丛，打算悄悄从灌木丛后面绕到它身边，弄清它到底是如何黯然地嘀咕着自己的心事的，这秋天里"啾甫，啾甫"的鸣叫，是不是又让它沉浸到春天的玩耍里去了。

在我还没走到灌木丛跟前的时候，就听见一阵噗噜噜的声响，这只黑黑的琴鸡仿佛是从我的脚跟底下一飞而起，让猝不及防的我不禁一怔。

好家伙，弄了半天它就蹲卧在我脚旁边，我还以为它

【事物描写】描写了秋后的蒲公英和灰蛾，它们显得那么狼狈，可能是秋风对它们的摧残吧。

【动作描写】描写了琴鸡的警惕，"我"还没走到它身边，它已经发现了敌人，所以迅速地飞走了。

在远远的角落里呢!

就在这时,一阵喇叭声从远处传来,我知道,那是大鹤们的鸣叫声。它们排成一个个"人"字形在高空中向远方飞去。

它们越飞越远,直到消失在天边……

◎记者 韦利卡

【延伸思考】
【声音、动作描写】描写了大鹤们归去时的声音洪亮,它们是有纪律的,排着整齐的队伍迁离。

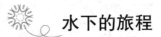

水下的旅程

枯黄的草在草地上蔫头耷脑地伏着。

著名的竞走运动员秧鸡,已经踏上了遥远的旅途。

一群群矶凫和潜鸭出现在海洋长途飞行线上,饿了的时候,它们就潜入水里捕鱼。在旅途中,它们很少展开翅膀飞,只是这么游着、游着,游过湖泊和河湾。

它们甚至不需要像野鸭那样先在水面上抬起身子,然后再向水下扎猛子。矶凫和潜鸭的身子太适于潜泳了,只要把头一低,再用桨一般的脚蹼用力一蹬,就钻到深水里去了。它们在水底就像在家里一样,是那么自在。没有任何一种长翅膀的猛禽能在下面追上它们。它们游得那么快,甚至连鱼儿都比不上。

【延伸思考】
【动作描写】描写了矶凫在水下游动自如,而且速之快,没有什么长翅膀的动物能追上它,就连水中的动物也很难追上上它。

末季的浆果

长在泥炭墩上的蔓越橘也成熟了,散布在沼泽湿地上。隔很远就可以看到它们的浆果，很干脆地躺在青苔上，但我们却看不到，它们到底长在什么东西上面。距离近一些，才可以发现，一些像绒毛一样的细细的茎延伸出来，两边长着一些硬硬的小叶子，泛着光芒，而青苔变成了它们的"枕垫"。

这活脱脱就是一棵小灌木啊！

上路了

每天夜里，都会有一批长着翅膀的旅客上路。它们从容不迫地慢慢飞着，一点儿都不着急。中间歇息的时间很长，跟春天的时候不一样——那会儿它们思念故乡，归心似箭，这会儿它们可是背井离乡呢——谁离开故乡时会不留恋呢？

飞走的次序跟飞来时恰好相反：第一批飞走的是春天最后飞回来的鸟儿，是色彩鲜艳的、花花绿绿的那些；最后动身的却是春天最先飞来的，如燕雀、百灵、鸥鸟等。在很多鸟类中，一般是年轻的先飞走，雌燕雀比雄燕雀先飞走，而那些强壮有力的、吃得起苦的鸟儿，就会晚走一些。

大多数鸟儿直接飞向南方——法国、意大利、西班牙、地中海、非洲。还有一些鸟儿向东飞：经过乌拉尔、西伯利亚，飞到印度去，有的甚至飞到美国去。几千千米的路程，在它们的脚下一闪而过。

> **延伸思考**
> 用反问句式描写了鸟类们对故乡的恋恋不舍，对比地描写了它们和春天来时的心情，那是不一样的。

> **延伸思考**
> 【夸张写法】描写了鸟类的伟大，它们不畏艰难，对于足下的千里之路，毫不在乎，而是一飞而过。

林中大汉的战斗

傍晚的时候，森林里传出了低沉的短吼声。从密林里走出了林中大汉——长着犄角的公麋鹿。它们用自己低沉的吼声——就像是从内脏里发出来的一样——向它们的对手发出挑战信号。

战士们在空地上遭遇了。它们用蹄子刨着地，摇晃着笨重的犄角，威慑着敌人。它们的眼睛里布满血丝，突然，战斗开始了。它们低下用大犄角武装的脑袋，互相撞击，发出犄角的劈裂声和撞击发出的嘎嘎声，犄角相互钩在一起。它们用巨大的身躯，猛烈地撞击着对方，拼命想扭断对手的脖子。

分开——再冲上去，麋鹿们时而把前身弯到地，时而又用后腿立起来，它们都想用自己的犄角杀死对方。

笨重的犄角一旦撞击，就会传出"轰隆轰隆"的声音。有人把公麋鹿叫做犁角兽——它们的犄角又宽又大，就像犁似的。

经常会有这样的情况——有的公麋鹿在战败后，就急急忙忙地从战场上逃走了；有的被可怕的大犄角撞断了脖子，流出了鲜血；有的则被战胜的公麋鹿用锋利的蹄子踢死。于是，震耳的吼声传遍了整个森林，那是犁角兽在庆祝它的胜利呢。

在森林深处，一只没有犄角的母麋鹿在等着它。胜利的公麋鹿成了这个地方的主人。

胜利者绝不允许别人进入它的领地。它甚至连年轻的小麋鹿也不放过，只要一看见，就会立刻把它们驱逐出去。

它那低沉的吼声，就像巨雷一样响彻周边。

等待助手

灌木、乔木和青草，大都在匆匆忙忙地安顿着后代子孙的生计。

一对对的翅果，从槭树枝上垂了下来。它们早已裂开了，只等着风吹来，带走它们，把它们播种出去。

盼望着风快快吹过来的还包括草族民众：高大的长茎上，一串串华艳的、蚕丝似的灰色茸毛，从干干的花盘里伸出来；香蒲长得比沼泽地里的草还要高，因为它的茎顶端好像穿上了褐色的小"皮袄"；毛茸茸的小球附着在山柳菊上，已经做好了会在晴朗的天气里随风飘走的准备。

还有数也数不清的草，果实上长着长短不一的细毛毛，有的普普通通，有的就像鸟的羽毛似的。

也有很多植物等待的对象不是风，而是四条腿的动物朋友和两条腿的人。它们分布在路两边的水沟旁和收割过后的田地里。长着尖头的干燥花盘的牛蒡，牢牢地拽着自己菱形的种子，等待着人或动物上钩；专门戳行人袜子的，是调皮的鬼尾草的黑色的三角形的果实；喜欢钩住人的衣服不放手，只有用毛绒才能把它擦除掉的，是带钩刺的猪秧秧的又小又圆的果实。

延伸思考

【拟人描写】用拟人的手法，描写了翅果成熟的景象，这些果实它们等待着自己能够繁殖下去。

延伸思考

植物种子的传播方式多种多样，有的靠风传播，有的是靠动物传播，比如像牛蒡、鬼尾草等。

最后一批蘑菇

现在的森林真凄凉，到处光秃秃、湿淋淋的，散发着烂树叶的难闻气味。唯一让人觉得安慰的是一种蜜环菌，让人看了心情愉快。它们有的一堆堆地散布在地上，有的则密密地长在树墩上，还有的爬上了树干，仿佛离群索居似的。小蜜环菌长得挺好看：菇帽绷得紧紧的，好像小孩儿头上戴的无边帽，下面还围着一条白色的小围巾。等过几天，帽子边就会往上翘，变成一顶名副其实的小帽子，围巾则会变成领子。

【植物描写】
用比喻把小蜜环菌可爱的样子展现在读者面前，菇帽、小围巾都是那么可爱。

蜜环菌的菇帽上长着烟丝般的鱼鳞片，它是什么颜色的呢？还真难说，总之是一种叫人很愉快的、宁静的浅褐色。小蜜环菌的菇帽背面的菇褶是白色的，而老蜜环菌的则是淡黄色的。

你可曾注意到，挤在一起的蜜环菌中，当老蜜环菌的菇帽盖过小蜜环菌的时候，小蜜环菌的菇帽上就会撒上一层粉。你会想："难道它们发霉了吗？"不错，这就是老蜜环菌的菇帽洒下来的孢子。

【过渡段】
此段承上启下，总结了蜜环菌的可爱和让人感到愉快，又揭示了它的产量之高。

这种蜜环菌不仅看上去让人感到愉快，采起来更是痛快：几分钟就可以采一小篮子，而且还是光采菇帽，专挑好的采呢！

不过，如果你想吃蜜环菌，就一定得了解它的一切特征。市场上，常常会错把一种毒菇当作蜜环菌，这种毒菇和蜜环菌长得很像，它也是长在树墩上的。不过，这种毒菇的菇帽下没有领子，上面也没有鳞片。菇帽的颜色也很鲜艳，是黄色或粉红色的，帽褶却是黄色或浅绿色的。它的孢子是乌黑乌黑的。

◎记者 尼·巴甫洛娃

森林里发来的第五封电报

我们躲了起来，偷偷地观察到了在海湾沿岸的淤泥地上印上了这些小十字和小点子的是谁。

原来，这是滨鹬干的好事儿！

在遍布淤泥的小海湾里，有它们自己的一家小饭馆。它们有时会在这儿休息，吃点东西。它们迈着自己的大长腿，在这片柔软的淤泥上走来走去，所以，就留下了许多三个分得很开的脚趾印。那些淤泥里的小点子，是它们用自己的长嘴插的，它们想吃早饭的时候，就会把长嘴伸到淤泥中去寻找小虫子。

我们捉到了一只鹳，它在我们家房顶上整整住了一个夏天。我们在它的脚上套了一个很轻的金属环（铝制的），还在环上刻了一行字：莫斯科，请通知鸟类研究会，Ā组第195号。后来，我们把它放走了，让它带着自己的脚环。如果有人在它过冬的地方捉住了它，我们就能够从报上得知，我们的鹳冬天的住所在哪里。

森林里的树叶已经全部改变了颜色，开始往地下飘落了。

延伸思考

这一句回答了上面的提问，淤泥地上的小点子是什么？就是滨鹬在找食时留下的。

名|家|点|评

本篇描写了各种动物和植物的过秋方法，它们有的靠迁徙，有的靠潜水，有的靠风帮它们繁殖下一代，有的靠动物帮它们传播种子，这些动植物真有办法呀！

拓展训练

1. 谁能在水里潜游？

2. 谁戴着美丽的菇帽？

3. 谁靠风传播种子？

城市新闻

名家导读

可爱的动物们各自想着自己过冬的办法，同时还要躲避敌害，它们真的不容易，读读这篇文章吧，你会了解更多的动物过冬知识。

黑夜里的惊扰

几乎天天夜里，城郊的家禽们都会受到惊扰。

院子里面一片乱哄哄的，人们听见了，就从自己的床上跳了下来，把头伸向窗外去看。怎么啦？出什么事儿啦？

在下面的院子里，家禽们都在使劲儿地扑扇着它们的翅膀，鹅"咯咯"地叫着，鸭子"嘎嘎"地吵着。难道是黄鼠狼来咬它们来了？又或者是狐狸钻进来了吗？

可是，有什么样的狐狸和黄鼠狼，能够从铁门进来，钻到石头围墙里面呢？主人们认真地检查了一遍院子，看了看家禽窝，一切正常，什么异样也没有。这么坚固的锁，这么结实的门，谁也不可能偷偷钻进来的。也许，只不过是家禽做了噩梦吧！现在，它们不是已经安静下来了吗？人们又躺到了自己的床上，放心地睡着了。

延伸思考

【动作描写】家禽们不安地扑扇着翅膀，乱吵乱叫，它们的骚动，一定是发生什么事了。

延伸思考

门窗很结实，人们检查了一遍，没找到什么危险隐患，但是家禽们却不停地叫着。

可是，一小时后，又传来了"咯咯""嘎嘎"的声音。又乱了，怎么回事儿呀？那里到底怎么了？

赶快打开窗户，躲起来，仔细听。星星发出金色的光芒，在黑乎乎的夜空中一闪一闪的。一切又静悄悄的了。

快看，好像有一些模糊的影子从空中飞过去了，它们排着长队，把天上星星的金色的"火光"都给遮住了。你听，好像有一阵轻轻的、断断续续的啸声，从那边模模糊糊地传了过来。

院子里的家鸭和家鹅一下子都醒过来了。这些早已经忘记什么是自由的鸟儿，此刻却莫名其妙地很冲动，它们不停地扇着自己的翅膀，踮着脚掌，伸长脖子，凄苦地叫着。

在高高的夜空里，自由的野生姐妹们正在呼唤着它们。在石头房子的上空，在铁房盖的上面，那些长着翅膀的旅行家，一群又一群地飞过，拍打着翅膀发出"呼呼"的声音。野生的大雁和家禽们呼应着，叫喊着。

"咯咯咯！上路吧！上路吧！远离寒冷！远离饥饿！上路吧！上路吧！"

候鸟响亮的召唤声渐渐远去了；而那些在石头院里，早已忘记怎样飞行的家鸭和家鹅们，却还在乱喊乱叫，吵个不休。

延伸思考

人们终于发现了一些模糊的影子，它们在空中飞着，挡住了星星的光，人们很疑惑，不知道是什么？

延伸思考

【动作描写】这些家禽们看到这些模糊的影子，很是害怕，它们恨不得飞起来，像其他鸟类一样。

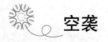

空袭

在列宁格勒的伊萨基耶夫斯基广场上面，在行人的面

前，一出白日空袭的好戏上演了。

　　一群鸽子刚刚从广场上起飞。突然，在伊萨基耶夫斯基大教堂的圆屋顶上，一只巨大的游隼"呼"地一声飞了出来，向最边上的那只鸽子猛扑了过去——眨眼间，空中鸽毛乱舞。

延伸思考
【动作描写】描写了鹰隼的傲慢，和不把一切放到眼里的神态，它觉得自己好像没有敌人。

　　行人们看见那群受到惊吓的鸽子，都慌慌张张地藏到一幢大房子的屋顶下面去了；而那只大游隼，用脚爪抓住战利品，慢慢悠悠地飞回了大教堂的顶上。

　　大游隼的必经之路正好通过我们城市的上空。这些强盗，喜欢把老巢建在教堂的圆屋顶和钟楼上，因为从这里观察猎物非常方便。

森林里发来的第六封电报

　　清晨的寒气袭来了。

　　灌木丛上的叶子经风一吹，好像被刀削过一样，雨点般纷纷扬扬地飘落下来。

　　蝴蝶、苍蝇、甲虫都不知躲到哪里去了。

　　那些会鸣叫的候鸟，急急忙忙地穿过一片片丛林和小树林：它们已经感觉到饥饿了。

延伸思考
深秋的寒冷已经来临，万物都去寻找自己能适应的温度去了，叶子落光了，鸟儿飞没了，森林里寂静了。

　　只有鸫鸟不抱怨没有东西吃——它们正成群结队地扑向一串串熟透了的山梨。　寒风在光秃秃的森林里打着嗯哨。树木都慢慢地进入了梦乡，森林里再也听不到鸟儿的歌声了。

　　　　　　　　　　　　　　◎本报特约通讯员

山鼠

在挑马铃薯的时候，我们发现有只小动物在牲畜栏的地下沙沙地钻动。

很快，一条狗跑来，蹲在这里，翕动着鼻子闻起来。可那只小动物还在不停地钻来钻去。于是，狗用爪子开始刨坑，一边刨，一边汪汪地叫，因为那只小动物正朝它窸窸窣窣地钻过来。

狗刨了个小坑后，小动物的头露出了一点儿。狗继续刨坑，小动物现在完全暴露出来了。狗把它拖了出来。但是那小东西又挠又咬，狗急忙把它抛了出去，愤怒地吼叫起来。

这个小家伙的个头有小猫那么大，毛是灰蓝色的，夹杂些许的黄色、黑色、白色。它是一只山鼠。

延伸思考

【动作描写】凭着自己的感觉，把那个小家伙挖了出来，可那个小家伙，很不顺从，极力地反抗。

都忘了采蘑菇的事儿了

九月份，我和同学们相约去树林里采蘑菇。在那里，四只灰色的榛鸡都被我吓跑了。只记得它们的脖子都是短短的。

紧接着，一条死蛇映入眼帘，它悬挂在树墩上，晒得干干的。树墩上有个小小的洞口，一声声嘶嘶的叫声从那里传来。那里可能是个蛇洞吧！想到这里，我就赶忙从那

延伸思考

【地形描写】挂着小蛇的洞口，里边传来嘶嘶的叫声，大家猜想这一定是个蛇洞。

21

个可怕的地方跑开了。

然后，当我快走到沼泽地的时候，我见到了有生以来从没见过的动物：七只仙鹤，就像一群绵羊一样，从沼泽地上徐徐地升了起来。而在此以前，我只在学校的图书上见识过仙鹤。

我一直在树林里瞎逛，都忘了采蘑菇的事儿了，而大家每个人都采了满满一篮子蘑菇。随时都有鸟儿婉转啼鸣，时有时无。

就在我们回家的时候，一只小兔子从路上一跑而过。它的脖子和后脚是白色的，但其他地方都是灰色的。

我们避开了那棵有蛇洞的树墩。我们还见到了一群群的大雁，它们大声地叫唤着，飞过了我们的村子。

喜鹊

春天的时候，村里的孩子们捣毁了一个喜鹊巢。从他们那儿我买了一只小喜鹊。只过了一昼夜，它就开始听我的话了。第二天，它就乖乖在我手里吃东西、喝水了。我们叫它"魔法师"。它习惯了这个称呼，叫它的名字的时候，它就会立刻做出反应。

当翅膀长成了以后，喜鹊总喜欢飞到门上蹲着。厨房里摆着一张带抽屉的桌子。抽屉里面总放着一些食物。经常是，你一拉开抽屉，喜鹊就立刻从门上飞过来——急急忙忙地吃抽屉里面的东西，有什么就吃什么。拖它走时，它还乱叫，不肯出来呢！

【动作描写】描写了七只仙鹤的优美身态，它们轻盈优美的身姿，徐徐地升起来。

这些喜鹊已经养成了习惯，知道抽屉里面有食物，所以每当打开抽屉，它们就会飞过来。

我去打水时，就喊一声："'魔法师'，和我一起去！"它就会落在我的肩膀上，和我走了。

我们喝茶时，喜鹊总是第一个忙起来。它又是抓糖，又是抓甜面包，有时候还会把爪子伸到滚烫的牛奶里去。

延伸思考
【动作描写】描写了"魔法师"很通人性，它因为和"我"在一起久了，所以很听我的话。

最可笑的是，曾经有一次，我到菜园的胡萝卜地里去拔草，"魔法师"就蹲在地垄沟上瞧着我，好像在询问我在做什么。看了一会儿，它也开始学着我的样子，把一根根绿茎从地垄沟上拔起来，放到一块儿——它在帮我除草呢！不过，它可是分不清楚杂草和胡萝卜苗的，索性一起都给揪下来。真是个好助手呀！

候鸟飞往越冬地去了

如果能从天上俯视我们这片无边无际的国土，那该多好啊！秋天，乘着热气球升到高空——比那屹立不动的森林还要高，比那飘动的白云还要高，大约离地面30千米。不过即便升到这么高的位置，你也看不见国土的边缘。当然，如果天空晴朗，万里无云，没有云层遮盖大地，视野还是非常开阔的。

从那么高的地方看下去，似乎我们的整个大地都在移动。是什么东西在森林、草原、高山和海洋的上方运动？

啊，是鸟儿！是数不清的鸟群！

我们这儿的候鸟，就要离开故乡，飞向越冬的地方去了。

延伸思考
【感叹句式】抒发了作者心中的情感，那么多鸟，迁移走了，它们浩浩荡荡，规模宏大，让作者感叹。

当然，也有些鸟儿留了下来，比如麻雀、鸽子、寒鸦、灰雀、黄雀、山雀、啄木鸟和其他许多小鸟。鹌鹑也不飞走，野鸡、鸱鹰和大猫头鹰也不飞走。但冬天的时候，猛禽在我们这里也没有什么事可干，大多数鸟儿还是会离开这里的。

夏末的时候，鸟儿们就开始出发了。最先飞走的，是春天最后飞来的那一批。这样，整整一个秋天，鸟儿们都在忙着迁徙，直到河水冻成冰为止。最后离开我们的，是春天最先飞来的那一批——秃鼻乌鸦、云雀、椋鸟、野鸭、鸥等。

各有归途的鸟儿

一般人可能认为，一群一群的鸟都是从同温层飞往越冬的地方的，它们的方向应该都是由北往南飞吧？这种看法是不正确的！

并不是所有的鸟都是从北往南飞去越冬的。有些鸟，是从东往西飞的。有些鸟，呵呵，正好相反，是从西往东飞的。令人想不到的是，我们这里还有一些鸟，会直接飞往北方去度过冬天！

不同的鸟，飞走的时间段也不尽相同。当然，为了安全起见，大多数的鸟是选择在夜间迁徙的。

什么鸟会往什么方向飞，长途跋涉的旅行家们在路上身体可好……所有这一切，我们的专业记者都会发无线电报给我们，或者通过无线电广播告诉我们。

延伸思考

描写了鸟儿迁徙经历的时间，大概需要一个秋天，它们要经历很长的时间，直到气候变冷。

延伸思考

又一次叙述了鸟儿们在夜间迁徙，是为了安全起见，因为晚上很少有猛兽出现，这样它们可以少点危险。

大家都已经躲起来了

天气已经越来越冷了……

火热的夏天已经过去了……

血液都快要冻成冰了，大家都不想动弹，变得懒洋洋的，老是想睡觉。

长着尾巴的蝾螈，整个夏天都住在池塘里面，一次都没有出来过。现在，它爬上岸来，慢慢地、步履艰难地来到了树林里。它找到了一个腐烂的树墩，就钻进了树皮里，蜷缩着身体睡着了。

青蛙却正好和它相反。它们从岸上跳进了池塘，潜入到池底，钻进了淤泥深处。蛇和蜥蜴则躲到树根底下，身上盖上了暖和的青苔。鱼儿成群结队游到深水里，在那儿挤在一起过冬。

蝴蝶、苍蝇、蚊虫、甲虫，这些小家伙要么钻进树皮，要么钻进围墙裂缝，都藏起来了。蚂蚁堵上了所有的大门，它们的城市有一百多个出入口，现在都已经全部给封锁起来了。它们要到这个高高的城市的最里面去，在那儿挤作一堆，拥成一团，就这样一动也不动地入睡了。

要挨饿了！要挨饿了！

对于那些热血动物，就如鸟儿呀、野兽呀，寒冷倒不

延伸思考

【动作描写】蝾螈本来是不喜爱动的，但为了躲避寒冷，也只好艰难地找到一个避寒的树墩。

延伸思考

描述了各种小昆虫的过冬方法，它们并没有死去，而是躲到了墙缝、树皮里去避寒。

是十分可怕。它们只要有东西吃就可以了，食物会使它们的身体像生了火炉一样暖和。可是，饥饿总是随着寒冷一同光临。

蝴蝶、苍蝇、蚊虫都已经躲藏了起来，于是，蝙蝠没有东西吃了。它只能躲到树洞里、石穴里、岩缝里和阁楼顶上。它们倒挂着，用后脚爪抓住某种东西，缩起了斗篷似的翅膀——睡着了。

青蛙、癞蛤蟆、蜥蜴、蛇、蜗牛，全部都躲起来了。刺猬躲在树根下的草穴里。獾也很少出洞了。

Ф–197357 号铝环的旅程

我们这里的一位俄罗斯青年科学家，在一只北极燕鸥雏鸟的脚上，套了一只轻巧的铝制小金属环，这只铝环的号码是 Ф–197357。这件事发生在 1955 年 7 月 5 日，地点是在北极圈外白海边的干达拉克沙禁猎区。

就在这一年的 7 月底，雏鸟刚学会飞行，成群结队的北极燕鸥就要开始它们的冬季旅行了。最初，它们经过白海海域往北飞；之后，又沿着科拉半岛北岸向西飞；接着，又沿着挪威、英国、葡萄牙和整个非洲的海岸往南飞。最后，它们绕过了好望角，飞向目的地——南极。

1956 年 5 月 16 日，一位澳大利亚的科学家在大洋洲西岸福利曼特勒城附近，捉住了这只脚戴 Ф–197357 号铝环的小北极燕鸥。

而从干达拉克沙禁猎区到这里的直线距离，是 24000

> **延伸思考**
> 【动作描写】描写了蝙蝠过冬的动作，实际上它是在冬眠，它一冬不吃不喝，只是睡觉，用这种方式来避寒。

> **延伸思考**
> 描写了北极燕鸥的旅行路线，它们要飞很远很远的路程，这是它们的迁徙之路，很艰难。

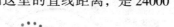

千米！

现在，这只鸟儿的标本连同它脚上的铝环，一起被保存在澳大利亚彼尔特动物园的博物馆里。

由东向西

每年夏天，像乌云似的铺天盖地笼罩在澳涅加湖上的，是源源不断孵化出来的野鸭。而那好像白云似的飞来飞去的，是大群的鸥鸟。到秋天的时候，这些大片的"白云"和"乌云"，也会迁徙。只不过它们会飞向日落的方向，飞向西方。

鸥鸟群和野鸭群组成的"白云"和"乌云"，已经开始飘向越冬地了。就让我们的飞机尾随它们，和它们做伴吧！

一阵刺耳的呼啸声传来，怎么回事？紧接着传来的是哗哗的水声、翅膀的扑棱声、针尾鸭绝望的呷呷声、鸥鸟的喊叫声……

原来，这些鸥鸟和野鸭，本想在林中的湖泊上稍作歇息，哪想到正好和一只也在迁徙的游隼遭遇了！游隼没有放过送到眼前的猎物，它迅猛出击，速度极快，就像牧人挥舞的长鞭似的，搅动着空气发出了刺耳的呼啸声，冲到空中的野鸭群中。它小趾头上面的利爪，就像尖刀一样锋利。游隼在野鸭群背上一划而过之后，一只野鸭立马中招，耷拉下了脖颈。在受伤的鸟儿落到湖中以前，游隼迅速一个转身，牢牢抓住了它。午饭有着落了，游隼还不忘

【比喻描写】
描写了奥涅加湖上的野鸭数量之多，像铺天盖地的云层一样，黑压压的到处都是。

【动作描写】
描写了游隼捕捉野鸭动作之迅速，行为之凶猛，没有哪只野鸭可以逃过它的利爪。

用钢铁般的利嘴啄下了猎物的后脑，使它彻底丧失了抵抗能力。

就是这只游隼，成为了野鸭群的梦魇。它和野鸭们一路同行，从澳涅加湖出发，飞过了列宁格勒，飞过了芬兰湾，飞过了拉脱维亚……当它吃饱喝足以后，就会蹲在树上或者岩石上，冷冷地看着眼前的一切：在水面上飞行的群鸥，头在水面上朝下翻转的针尾鸭，看着它们从水面上起飞，成群结队地继续往西方前进。前方的美景在等待着它们：波罗的海海水的灰色光芒，太阳像黄球一样落下山去。可是，如果游隼的肚子饿了，就会迅速飞入野鸭群之中，抓一只鸭子当作美食享用。

就是这样，这只长着翅膀的豺狼会一直跟随着针尾鸭群，顺着波罗的海海岸、北海海岸飞，飞过大不列颠岛。在那里，它们终于可以摆脱游隼的纠缠。因为这就是我们的鸥鸟和野鸭迁徙的目的地。而游隼的旅程还很长，它还要跟随别的野鸭群继续向南飞行，穿过法国、意大利，飞过地中海，飞到炎热的非洲去。

从西向东

红色的朱雀——金丝雀，在鸟群里面聊着天 "切一！切一！"早在8月里，它们就已经开始旅行了——从波罗的海边，穿越列宁格勒省区和诺夫戈罗德省区，它们不慌不忙地飞着。哪里都有食物，足够吃喝了，忙什么呀？又不是急着回家去筑巢，也不急着养育小宝贝。我们在它

延伸思考

【景色描写】美景在前边，可魔鬼也在身边，野鸭们逃不过游隼的魔爪，它时刻给它们带来危险。

延伸思考

金丝雀的迁徙路线，它们不慌不忙地飞行着，它们到哪里都会找到食物，它们不急着生育小宝宝。

们迁徙的途中看到，它们飞过了伏尔加河，飞过了乌拉尔一座不高的山岭，现在它们正在巴拉巴——西伯利亚西部的草原上呢。它们一天天地向东飞去，向着太阳升起的方向飞去。它们穿过了一片片丛林。在整个巴拉巴草原上，到处都是白桦树林。

它们尽可能会选择在夜里出发，白天休息、吃食物。虽然它们都是成群结队地飞，而且群里的小鸟会随时保持着警惕，可是灾祸还是会不可避免地发生。只要稍一疏忽，它们就会被老鹰捉去一两只。西伯利亚的猛禽实在是太多了，比如雀鹰、燕隼、灰背隼。它们飞得太快了！每次，小鸟从一片丛林飞往另一片丛林时，不知道要被那些猛禽捉去多少。晚上倒会好一些。虽然猫头鹰很凶残，但毕竟数量不多。

在西伯利亚，沙雀改变了它们的方向。它们要飞过阿尔泰山脉，飞过蒙古沙漠。在这艰难的旅途上，有多少可怜的小鸟儿要送掉性命呀！一直飞到了炎热的印度——它们在那儿过冬，才能放心。

延伸思考

描写了这些鸟的警惕性极高，它们在夜间飞行，为的是更安全，可危险和灾难随时都会有。

延伸思考

沙雀的迁徙更艰难，它们要经历漫长的旅途，在这漫长的旅途中，很多小鸟丢掉了性命。

向北飞——飞向极夜地区

多毛绵鸭——就是能够为我们提供又轻又暖的鸭绒（可用来做冬大衣）的那种野鸭——在白海的干达拉克沙禁猎区，安静地孵出了它们的雏鸟。这个禁猎区多年以来一直在进行着保护绵鸭的工作。为了弄清楚绵鸭从禁猎区飞到什么地方去过冬，这些绵鸭是否能够返回禁猎区、返回

自己的巢穴，以及这些神奇的鸟儿的其他各种生活细节，大学生和科学家们便给绵鸭戴上很轻的金属脚环。

人们已经知道，绵鸭从禁猎区几乎是一直向北飞的——飞到极夜地区，飞到北冰洋去。那里有很多格陵兰海豹，还可以听见白鲸的大声叹息。

不久，白海就会被厚厚的冰层覆盖。冬天的时候，绵鸭在这儿什么也吃不到。它们便会聚集在奥涅斯湾。这个海湾距离白海不是太远，在这儿可以找到艾蒿填饱肚子。它们还可以从岩石和水藻上吃水里的软体动物——水下的海螺。它们是北方的鸟儿，只要可以填饱肚子就行。天气越来越寒冷了，周围的一切都被冰层覆盖，一片黑暗。它们不害怕，因为它们有天然的绵鸭绒大衣，一点儿寒气都不透。那里还常常会出现神奇的北极光，巨大的月亮，明亮的星星。就算是太阳一连几个月不从海洋里探头，又有什么关系呢？反正北极鸭仍会感到不错，吃得饱，穿得暖，能自由地度过漫长的北极冬夜。

延伸思考

描写了绵鸭怎样过冬。它们简单地吃些艾蒿和一些软体动物就能填饱肚子，它们就能在此过冬了。

延伸思考

【设问句式】说明北极鸭的抗寒能力比较强，它们身上有厚厚的鸭绒，有点食物它们就能填饱肚子。

候鸟搬家之谜

为什么有的鸟儿一直向南飞，有的向北飞，有的向西飞，有的向东飞？

有的鸟儿要等到冰天雪地、找不到一点儿食物的时候才离开我们，而有的鸟儿，比如雨燕吧，每年是在固定的日期飞走的——这个固定的日期按照日历来说，是一天也不会错的。其实那时候它们还能够找到吃的东西，这其中暗藏什么玄机呢?

而最主要的问题是,这些鸟儿怎么知道秋天该往哪儿飞,越冬地在哪儿,该沿着什么路线飞呢?

这真是个难解之谜。比如说,一只雏鸟在莫斯科或列宁格勒附近孵化,却飞到遥远的非洲南部或印度去过冬。我们这儿还有一种飞得很快的小游隼,它从西伯利亚一直飞到澳大利亚,在那儿住一段时间后再回到西伯利亚,度过春天的美好时光。

延伸思考

【疑问句式】这是作者产生的疑问,为什么鸟儿们自己知道往哪儿飞可以过冬,或许它们身上有一种特殊的功能吧。

名|家|点|评

本篇讲述了森林里各种动物的过冬方法,躲到墙缝树皮里,有的冬眠,有的迁徙,各种方法,这些动物真的厉害,它们自己就能知道飞到哪里过冬。

拓展训练

1. 北极鸭怎样过冬?

2. 金丝雀怎样过冬?

3. 小昆虫怎样过冬?

林中大战（结束篇）

树木之间也有战争，它们依靠自己的生长速度和高度来战胜其他树种，但它们也影响了其他生物的生长，所以要消灭掉它们。

我们做记者的，总算找了个地方，就是在那儿，林中的种族之间，发生战争的情况看起来已经成为历史了。

那个地方就是我们记者刚刚旅行时去过的一块砍伐地——云杉王国。

当然，目前我们应该已经了解到，这场很惨烈的战争的结局了。

大量的云杉，都在与白桦、白杨的殊死拼杀中被消灭了。但意外的是，云杉种族最终获得了此次战争的胜利。

它们的敌人都很老了。云杉的寿命比起白桦和白杨的来说，算是长的了。已见衰亡迹象的白桦和白杨，现在是不能再像往常一样迅速地生长了，也就是说它们的生长速度已经不能和此时的云杉相提并论了。再看云杉的高度早已远远地超过了它们，更何况就在它们的头上已经张开了非常吓人的毛烘烘的大爪子，所以那些很喜好阳光的阔叶树已经开始枯萎了。

云杉迅速地生长着，没有一刻停下来的时候，只见它

延伸思考

云杉凭借自身的高度优势，战胜了白桦和白杨，它用自己高大的身躯遮挡着白桦和白杨的生长，所以云杉胜了。

们下面的树荫是越来越浓，越来越宽大了。就连地下室里也愈来愈深，愈来愈黑暗了。令人害怕的苔藓、地衣、小蛀虫还有木蛀蛾都在那儿无可奈何地等待着，等待着它们的就是慢慢地死去。

一年年地过去了。

那片阴森森的老云杉林被人们砍光，现在屈指算来，大约已经有一百年了。就在那片空地上，争夺的战争又进行了一百年了。如今，就在这个地方，又有一座阴沉沉的老云杉林出现了。

在这儿，既没有小鸟在唱歌，也没有快乐的小动物搬到这里住下来。不管哪种偶然生长起来的绿色小植物，也不论它刚开始生长得多么好，多么高兴，最终的结局都免不了凋谢枯萎，在短时间里就会送命在这阴森森的王国里。

很快，冬天来了，每年的这个时候，林中的种族们都会暂停一下它们无休止的战争。树木都睡熟了，它们甚至比睡在洞里的狗熊们都睡得熟，睡得沉。看看它们的那副睡态，不知道的还以为它们死了呢。在睡眠中，它们身体里的液体也不再流动了，它们也不会再去吸收什么养分，也就是说不再生长了，它们此时能做的就是，懒懒地、慢慢地喘息着。

听听啊——啥也听不着。

看看啊——这里就是一个死尸遍地的战场。

我们做记者的已经知道了，这里所有的大云杉在今年的冬天就会消亡，因为按照计划，这里就将被当作伐木场了。

再到明年的这个时候，这里又会变成一片新的荒漠——砍伐地。那些所谓的林中种族的战争又会重新上演了。

但是，目前来说，我们是不允许云杉再次在战争中取胜的。我们会对这场恐怖的没有休止的战争做一些干涉，我们会把一些刚刚长出的，之前从没有出现过的林木种族，转移到这块砍伐地上来。我们到时候会好好地仔细地关注着它们的生长状况，需要的时候，还会在这密封很好的帐篷上打开几扇窗户，以便让明亮的阳光照射进来。

这样的话，小鸟就会常常来这儿给我们唱那欢乐的歌谣了。

延伸思考

意思是说这里不会只留下云杉，还要发展其他的树木品种，因为云杉实在是太影响生物生长了。

名|家|点|评

　　这片树林里都是云杉，它生长速度极快，而且它长得非常高大，影响着其他生物的发展，所以这里要把它们砍伐掉，种植其他品种。

拓展训练

1. 森林里谁战胜了？

2. 云杉生长速度如何？

3. 为什么要把云杉消灭掉？

集体农庄生活

名家导读

你们有没有去过农庄？那里有田野、有树林、有小路。但还有沟壑，那里的孩子们为治理沟壑做出了贡献。

延伸思考

综述段：这个段落总结了下面几段所描述的内容，描写了秋收已经完毕，什么庄稼都没有了。

田野已经空了。丰收的庄稼也刚刚收割完毕。人们已经能够吃上用新粮做成的馅饼和面包了。

在田里的谷地和斜坡上，铺满了一层层的亚麻。它们经受住了风吹、日晒和雨淋，该把它们收集起来了，之后运到打谷场上，在那儿揉一揉，就可以把亚麻皮去掉了。

孩子们开学都已经一个月了。现在他们不再参加田里的劳动了。人们挖完了土豆，把土豆运到了车站，或者在干燥的沙包上挖好坑，把土豆给储存起来。

菜园也空了。人们已经从垄沟上收完了最后一批叶子卷得很紧的卷心菜。

秋播的庄稼已经变得绿油油了。

田公鸡，也就是灰山鹑，来到了秋麦田里。它们已经不是挨家挨户来了，而是结成很大的一群——足有一百来只呢！

再用不了多长时间，打山鹑的季节就要结束了。

沟壑的征服者

田野里出现了一些沟壑，这些沟壑越来越大，已经蔓延到了集体农庄的田里。庄员们为了这事儿很着急，我们这里的少先队员们也跟着大人们一起着急。

有一次开队会，我们还专门讨论：怎样可以更好地和沟壑做斗争呢？怎样才能不让沟壑继续扩大呢？

我们清楚，要想达到这个目的，就得栽些树把沟壑围起来，让树根攀住土壤，巩固沟壑的边缘和斜坡。

开那次会议的时候还是春天，而现在已经是秋天了。我们专门开发了一块苗圃，培育出了大批树苗——上千棵白杨树苗、许多藤蔓灌木和槐树苗。我们现在已经在移植这些树苗了。

过不了几年，这些灌木和乔木就会长满沟壑的斜坡，而沟壑本身，也将被我们彻底征服，再也不会危害我们的农田了。

◎少先队大队委员会主席 柯里雅·阿加法诺夫

延伸思考

治理沟壑的办法：就是多栽树，种植植物，才能达到治理水土流失的目的，才能控制沟壑的蔓延。

延伸思考

孩子们想象美好的未来，他们的目的达到了，就是控制了沟壑的蔓延，他们该多高兴呀！

搜罗种子

到9月份的时候，会有很多的乔木啊，灌木啊，它们都会结出种子和果实。所以此时最重要的就是抓紧搜罗种子，并且搜来的种子越多越好。然后把它们种在苗圃里面，好用来绿化运河和新的池塘。

搜罗大量的乔木和灌木种子，是有讲究的，最好赶在

它们完全成熟之前，要么就在它们刚要成熟的时候，用最短的时间搜完。尤其是尖叶槭树、橡树和西伯利亚落叶松的种子，搜罗的时候，时间更不能长了。

在9月份里就得搜罗种子的树木有：苹果树、野梨树、西伯利亚苹果树、红接骨木树、皂荚树、雪球花树、马栗树和欧洲板栗树、榛树、狭叶胡秃子树、沙棘树、丁香树、乌荆子树和野蔷薇树。与此同时，还要搜罗克里木和高加索常见的山茱萸的种子。

延伸思考
列举了在9月份能搜集的种子，在这个季节搜集，等到第二年春天种下去，就会长出孩子们想要得到的小树苗。

我们的好想法

现在，我们都在做一件利国利民的大好事——植树造林。

春天的时候，我们也过"植树节"。这个日子已经变成了一个真正的造林的节日了。我们在农场的池塘的四周栽了树苗，这样它就不会被太阳烤干。我们在高高的河岸上栽了树苗。为了加固陡坡，我们还绿化了学校的体育场。这些树苗都已经成活了，一个夏天就长大了许多。

延伸思考
"植树节"不再是空头口号，孩子们已经落实到了实际行动中，他们在这一天种下了好多树苗，为的是能够减少沟壑。

现在，我们有一个好想法。

冬天的时候，我们这儿所有田间的道路，都将会被雪掩埋。每年人们都不得不砍下整片的小云杉林，把它们做成标杆，指明道路的方向，以免行人在风雪中迷路，掉到雪堆里去。我们对此迷惑，为什么要每年砍掉这么多的小云杉。还不如在道路的两旁栽上活的小云杉呢！这简直是一劳永逸！这样，我们的道路就不会被雪掩埋了！

于是，我们按着自己的想法做了。我们在森林边缘地带挖了许多小云杉，用篮子把它们运到路上来。

我们细心地给它们浇水，所有的小树都愉快地在新家生长了起来。

◎森林通讯员 万尼亚·札米亚青

延伸思考

在孩子们的辛勤付出下，小树苗终于生长了，孩子们精心地培育他们，小树苗们很愉快。

名|家|点|评

本篇描写了森林被破坏，沟壑严重，影响了人们的生活，所以孩子们决定解决这个问题，解决这个问题的根本方法就是植树造林。孩子们付诸于行动，果然功夫不负有心人。

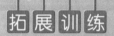

1. 人们为什么要伐掉云杉？

2. 沟壑是什么原因造成的？

3. 孩子们做了什么？

拓展训练

集体农庄新闻

名家导读

你做过小记者吗？小记者是要发布新闻的，看看这篇文章的小记者都发布了什么新闻？

精选母鸡

昨天，在突击队员集体农庄的养鸡场里，庄员们精挑细选最好的母鸡。他们用一块木板把母鸡小心翼翼地赶到一个角落里，然后一只一只抓住，交到专家手里。

瞧，专家正抓着一只母鸡仔细看。这只母鸡有着长长的嘴巴、细瘦的身子、小小的鸡冠，颜色淡淡的，两只眼睛似睁非睁，显得傻乎乎的，那眼神好像在问："你打搅我干什么呀？"

专家放下它，说："这只母鸡，我们不要。"

后来，专家又捉住一只短嘴大眼睛的小母鸡。它的脑袋宽宽的，鲜艳的红冠子倒在一边，两只眼睛散发着亮晶晶的光芒。母鸡一面拼命挣扎，一面咯咯咯地乱叫，好像在说："放开我！马上放我！别赶我，别抓我，不要打扰我！你自己不挖蚯蚓吃，还不许别人挖呀！"

"这只不错！"专家说，"这只会给我们下蛋的。"

延伸思考

【外貌神态描写】这只鸡的样子和神态显得傻乎乎的，而且还好像莫名其妙地问"干什么呀"。

哦，原来，能下好多蛋的母鸡是活泼乐观、精力充沛的啊！

周日

这天，小学生们帮着收割块根作物：掘甜菜、冬油菜、芜菁、胡萝卜和香芹菜。在这过程中，孩子们发现，个头最大的小学生瓦吉克·别特罗夫的头还不如芜菁大。但是，大个的能吃的胡萝卜，更让他们感觉奇怪。

葛娜·拉里诺娃拿其中的一根胡萝卜和自己比了比，这根胡萝卜竟和她的膝盖一般高！胡萝卜确实是个巨大的家伙，它的上半截，竟有一个巴掌那么宽。

葛娜·拉里诺娃说："在过去，人们大约就是拿它去打仗的，比如用它当手榴弹扔向敌人。就是在直接空手交战时，也能用它往敌人的脑袋上砸——咚咚！"

瓦吉克·别特罗夫却说："那个时候，怎么会有这么大的胡萝卜，他们也不会种出来啊！"

延伸思考
【事物描写】描写了胡萝卜的个大，不是一般的个大，它能达到小朋友的膝盖那么高。

换房间，换名字

有一些小鱼——鲤鱼出生了。春天的时候，它们的妈妈在一个很小很小的池塘里产了卵，孵出了70万条鱼苗。这个池塘里面没有别的鱼，就住着它们这一个大家庭——70万个兄弟姐妹。可是，过了一周半，这里已经挤不下了。于是，它们就搬到大池塘里面去住。在那里，鱼苗长

延伸思考
介绍了小鲤鱼出生的时间、地点，还介绍了这些小鲤鱼的数量。它们很多，有70万条呢。

大了，秋天之前就要改名叫鲤鱼了。

现在，小鲤鱼正在准备着搬到冬季的池塘里面去住。过了冬天，它们就一岁了。

把小偷关在瓶子里

"把小偷关在瓶子里。"红十月集体农庄的养蜂员说。

那天，因为天冷，蜜蜂都待在蜂房里。黄蜂强盗们等的正是这个机会，它们飞到养蜂场，想偷蜂房里的蜂蜜。可是，它们还没有飞到蜂房，就闻到一阵香甜的蜂蜜味——咦，养蜂场上摆着好多装蜂蜜水的瓶子，正散发着诱人的香味。

于是，黄蜂改变了主意：还是不要到蜂房里去偷蜂蜜吧，从瓶子里偷蜂蜜，是不是比较文明些呢？而且也不像从蜂房里偷东西那么危险吧？

它们钻进瓶子里去试了试，于是就中了圈套，在蜂蜜水里淹死了。

◎记者 尼·巴甫洛娃

延伸思考

原来所说的小偷就是黄蜂，它们专门偷吃蜂房里的蜂蜜。它们不劳而获，自己不劳动，专偷别人的成果。

名|家|点|评

在农庄里，专家们在挑选幼稚的母鸡；而养蜂的人则在想办法对付黄蜂强盗。它们专门不劳而获，偷吃蜂蜜，所以大家想了个办法把它们淹死在瓶子里了。

打猎

家导读

名家导读

打猎充满了乐趣，它体现了猎人的智慧，也体现了动物们的聪明，本篇就领你去体验打猎的乐趣。

琴鸡上当了

秋天就要到来的时候，琴鸡开始凑成一群一群的。雄琴鸡浑身黑色、翅膀硬硬的，雌琴鸡则是带有斑点的浅棕黄色。

浆果树丛里来客人了，那是琴鸡群飞下来了，吵吵闹闹的。

顿时，地上都是鸟儿的身影，它们在四处找吃的。坚硬的红越橘被啄开了，草丛被刨开了。哎，细沙和碎石也是可以吃的吗？是的，它们可以促进鸟儿消化，磨碎嗉囊以及胃里比较硬的食物。

延伸思考
【场面描写】描写了琴鸡们找食的场景，它们迫不及待地寻找着食物，看到什么吃什么。

突然，从干枯的落叶堆上传来"沙——沙——沙"的声音，脚步有点儿急，是谁来了？

琴鸡警觉地抬起头来。

突然跑来了一只北极犬，两只尖尖的耳朵竖立着，越来越近了！

中国青少年必读名著

延伸思考
【动作描写】
描写了琴鸡们对北极犬的惧怕，它们惶恐地躲起来，唯恐躲得慢丢掉性命。

延伸思考
真是螳螂捕蝉，黄雀在后，琴鸡只顾着对付北极犬了，却没有注意到猎人，结果被猎枪打中。

琴鸡们四散奔逃，有的悻悻地飞上了树枝，有的躲藏到了草丛里面。

北极犬来回穿梭于浆果树丛里，吓得琴鸡们跑来跑去。

一会儿过后，它的眼睛只盯着一只琴鸡，蹲在树底下，"汪汪"地一通乱叫。

琴鸡也不示弱，睁大了眼睛瞪着它，时间一长，琴鸡不耐烦了，开始在树枝上踱步，从这头踱到那头，又从那头踱回这头，中间也会时不时地回头瞧瞧北极犬。

讨厌死了！赖在这里干吗？你还不快走？瞧你那德性……该干吗干吗去！你走了，我也好下去继续享用可口的浆果……

"砰"，一声枪响，那只琴鸡突然掉落在地上。它没想到，就在它把全部注意力都放到北极犬身上的时候，蹑手蹑脚走过来的猎人，冷不丁地一枪打中了它。枪声过后，众多琴鸡全都慌里慌张地飞了起来，扑棱翅膀的声音响成一片。它们飞越树林的上空，只想远离猎人，远离这个地方。看着下面的小树和林中的空地，它们心有余悸，深恐那里藏有猎人。

诡计多端的拿枪人

蓦然，在树林中大白桦树光秃秃的树冠上，闪过几只琴鸡黑黑的身影。是黑琴鸡，一共有三只！这里肯定是安全的，如果白桦林里有人的话，这三只黑琴鸡是绝不会这样安安心心地蹲在这里一动不动的。好吧，就落到这里吧！

琴鸡群越飞越低，终于喧闹着落在树顶上。蹲在那儿的三只黑琴鸡仍然一动不动，甚至连头都没朝它们转一转，简直就像树墩一样！新来的琴鸡仔细打量着它们。的确是三只地地道道的琴鸡呀！身体漆黑漆黑的，眉毛是鲜艳的红色，翅膀上长着白斑，尾巴分叉，黑色的眼睛闪着亮光。

一切都再正常不过了。

砰！砰！

怎么回事？哪儿来的枪声？为什么两只刚飞来的琴鸡从树枝上摔下去了？

树枝上冒起一阵轻飘飘的青烟，不一会儿就消散了。可是，那三只黑琴鸡仍然像刚才那样，蹲在那里一动不动，看起来又镇静，又放心。新来的那群琴鸡面面相觑，但是再看看那三只黑琴鸡，似乎也放心了——是啊，下面一个人也没有，干吗要飞走呢？

它们转着脑袋看了看周围，仍旧蹲在树枝上。

砰！砰！

又有一只雄琴鸡像一团泥似的掉到地上；还有一只突然向树顶上方高高地跃起，蹿到了空中，但之后也摔了下来。琴鸡群惊慌失措地从树上飞起，在那只受了伤的琴鸡从高空跌落到地上之前，就逃得无影无踪了。可是那三只黑琴鸡仍然蹲在那里，一动也不动。

如果琴鸡们仔细观察的话，会发现树下不远处有一顶隐蔽的帐篷。这时，一个拿着枪的人从里面走出来，捡起

【动作描写】描写了三只黑琴鸡的动作和神态，由此可以看出这是猎人的圈套，它们都是假的，以此引诱更多的琴鸡。

延伸思考
猎人就隐蔽在树下，只是琴鸡们太大意了，所以才会上了圈套，中了猎人的枪。

掉在地上的琴鸡。然后他把枪靠在树旁，爬上白桦树。

白桦树顶的那三只琴鸡，瞪着黑眼珠凝视着森林上空，仿佛若有所思。它们的黑色眼珠转都不转一下——怎么会转呢？那其实是小黑玻璃珠子。原来，这些不动的琴鸡是用黑绒布做的。只有嘴，是真正的琴鸡嘴。哦，还有分叉的尾巴，也是用真正的羽毛做的。

猎人取下这只假琴鸡后，又爬上另一棵树去取另外两只假琴鸡。

在远处，那些心惊胆战的琴鸡，正从一片森林的上空飞过。它们怀疑地瞧着每一棵树，每一丛灌木：这儿会有新的陷阱和危险吗？上哪儿才能躲开那些拿着枪的诡计多端的人类呢？你永远也不能预料，他们会用什么法子来暗算你……

延伸思考

【心理描写】这些惊恐未定的琴鸡，已经不再相信任何状态了，它们害怕会有新的陷阱。

好奇的大雁

大雁的好奇心非常强，这是每个猎人都知道的事儿，而且他们也知道没有哪种鸟比大雁更谨慎。

在离河岸一千米的浅沙滩上面，聚集着一群大雁。那儿，走也走不过去，爬也爬不过去，乘车也过不去。大雁们把头藏在翅膀下，一只脚爪子缩起来，安安稳稳地睡大觉。

怕什么呢？它们有哨兵呢！雁群的每一面，都站着一只老雁，它们不睡觉，也不打瞌睡，警惕地看着四周。不信你走近试试看。

延伸思考

总结性描述了大雁的秉性，它们好奇心强、做事谨慎，所以猎人对付他们要想更多的办法。

岸上出现了一只小狗。那些负责警戒的老雁，立刻伸长了脖子望着：这只狗要做什么呀？

小狗在岸上跑过来跑过去，一会儿跑向这儿，一会儿又跑到那儿，好像在沙滩上捡着什么东西。它根本就没有瞅这些大雁一眼。

没有什么可疑的地方。不过，有点儿奇怪的是，这只狗干吗一会儿前一会儿后的，在那儿折腾什么呢？得走近些，看清楚才好……

一只负责警戒的大雁，摇摇晃晃地跳到了水里，向岸边游了过来。轻轻的波浪拍打着沙滩，又有三四只雁给吵醒了。它们也看见了小狗，也向岸边游了过来。

游近了，这才看清楚：原来，从岸上的一块大石头后面，飞出许多面包团儿——一会儿往这边扔，一会儿往那边扔，面包团儿都掉在了沙滩上面。狗摇晃着它的尾巴，扑着面包团儿，这一跳那一跳的。

面包团儿是从哪里来的呀？

几只雁离岸边越来越近，它们伸长了的脖子，想看个究竟……这时，从石头后面突然跳出来一个猎人，一枪一个，击中了这几颗好奇的脑袋——将它们全部打落到了水中。

六条腿儿的马

田野里，大雁们在吃东西。它们在惬意地享受着美味。哨兵们站在四周。任何人都不会被允许靠近它们，即

使是一条狗，也是不被允许的。

几匹马在远处的田地里吃草。大雁是不怕它们的。作为一种食草动物，马性情温和，这是个常识。它们怎么会来骚扰鸟儿呢？

有一匹马，在朝这边走，不过，它是在吃地上残余的麦穗。这个无需恐慌。即使它是冲着这边而来，那也不要紧。如果它靠得太近了，飞走就是了。只是，这匹马有点儿奇怪：它有六条腿，像是个怪物……其中四条是普通的马腿，剩余的两条却穿着裤子。

负责站岗的大雁，"咯咯咯"地叫唤起来，它是在示警。大雁们都抬起了头。

马还在继续缓缓地走近。

哨兵振动翅膀，飞过来观察。

它惊讶地发现：在马的后面，躲着一个人，手里还拿着一把枪！

"咯咯咯！快跑啊！快跑啊！"哨兵发出了信号，催促大家赶快逃跑。

大雁群一下子集体扇起了翅膀，及时地飞离了地面，脱离了险境。

马后面的猎人，跑出来对着雁群打了几枪。遗憾的是，距离太远了，子弹都打空了。

雁群获救了。

喇叭声

每天晚上这时，在森林里面都会传来麋鹿挑战的号角声。

"谁不想活了，就出来与我厮杀吧！"

一只老麋鹿从它那长满青苔的洞穴里面站了起来。它宽阔的犄角带着 13 个分叉，身长约 2 米，体重有 400 多千克。

延伸思考

【列数字】用数字来说明老麋鹿的健壮，也说明了它是独一无二的大力士，没人能比得过它。

谁敢向这位林中的无敌大力士挑战呢！

老麋鹿气势汹汹地赶过去应战。它那笨重的蹄子，深深地踩进了湿漉漉的青苔里面，把挡路的小树都给踏断了。

从对手那儿，又传来了挑战的号角声。

老麋鹿用可怕的吼声回应着它的对手。这吼声可真吓人——琴鸡听到了，便惊慌失措地从白桦树上逃走了；胆小的兔子听到了，便吓得从地上一跳，拼命冲到密林里面去了。

"看谁敢……"

它的眼睛里面布满了血丝，也不分辨道路，径直向着声音传出来的地方冲了过来。树林已经开始变得稀疏起来了，前面出现了一片空地……啊！原来在这儿呀！

它从树后飞一般地向前冲去，想用犄角一下把敌人给撞死，或者用它沉重的身体把敌手给压死，用锐利的蹄子把敌手给踩烂。

延伸思考

等到麋鹿看清了对方的真面目后，已经晚了，它上当了，原来是猎人用喇叭迷惑了它，它中枪了。

直到枪声响起，老麋鹿这才看见，在树后那个拿枪的人腰里别着一个大喇叭。

老麋鹿拔腿便往密林里面逃，摇摇晃晃的，身体衰弱极了，伤口不断地流着血。

猎兔开禁了，猎人出发了

10月15日，和往年一样，报上登出了公告：猎兔开禁了。

与8月初的景象相同，车站里挤满了前来打猎的人。其中一些人牵着猎狗，有的人牵两只，甚至更多——不过，已经不是夏天打猎时的那种长毛猎狗了。现在，这些猎狗又大又结实，腿又长又直，脑袋沉甸甸的，它们有一张狼嘴似的大嘴巴，身上长着各种颜色的粗毛：黑的、灰的、火红的、淡黄的、褐色的，还有带黑斑纹的、黄斑纹的、褐色斑纹的，还有的在火红色上面带一大片马鞍似的黑毛。

这是一些特种雌猎狗和雄猎狗。它们的任务是，根据野兽留下的痕迹进行追踪，把它们从洞穴里轰出来，一面追，一面汪汪地大叫，好让猎人知道，野兽是怎样走的、兜着什么样的圈子。这样，猎人们就可以埋伏在野兽的必经之地，对它们进行迎面射击。

在城市里养这些粗野的大猎狗很困难，所以很多人根本没狗可带。我们这一伙人就没带。

我们出发去找猎人塞索伊奇，到那儿打兔子。

我们一行共12个人，占据了车厢里的三个包间。所有的旅客看到我们的一个同伴时，都会露出惊奇的表情，微笑着窃窃私语。

延伸思考

【外貌描写】从猎狗的个子、四肢、脑袋、嘴巴，还有皮毛，来描写了这些猎狗的凶恶和威慑力。

延伸思考

通过旅客的表情和动作，说明它们对我们当中的一个队员感到很好奇，他一定是有什么特殊之处。

我们的这个朋友啊，也的确有看头：他是个大胖子，体重大概有 150 千克！胖得连门都进不来。

他不是猎人，但医生曾嘱咐他多出去散散步、运动运动。不过他是个好枪手，打起靶来，我们都不如他。他为了散步散得有趣一些，就决定跟我们一块儿去打猎。

围捕

天色已晚，塞索伊奇在一个十分小的林中车站里等待着我们。我们接下来要去他的家里借宿，等天亮后就出发去打猎。塞索伊奇叫来了一二个村民，以便让他们在围捕的时候帮忙大喊。

我们在森林边缘停了下来，不再往前走了。我在一片纸上写了几个号，然后把它卷起来，放到我的帽子里，让我们每个人依次抽签，抽到几号，就去站到相应的位置上。

帮着大喊的人现在已经都去了森林的外边了。林间的小路还比较宽阔，塞索伊奇依照我们的号码，给我们指定了要去藏身的地方。

我的是六号，胖子的是七号。我们在弄明白了自己藏身的地方后，开始认真地听着塞索伊奇讲围捕的规则：如果按照狙击线打枪，可能会打到身旁的人；等到大喊的声音逼近时，应该停止打枪，不能捕猎那些严禁猎杀的野兽，这个时候就要等待信号。

此时的大胖子距离我应该有六十步远。猎兔并不像是猎熊。猎熊的时候，枪手之间的距离可以有一百五十步远。塞索伊奇正在狙击线上批评大胖子，样子看起来十分吓人，我听到他是这样教训大胖子的：

"你说你为什么要往灌木丛里钻呢？这样的话，打枪是很不应手的啊，赶快过来和灌木并排站着，对，就是这里了。再说兔子是往下面看的。看看你的腿，现在，请谅解我如此说，似乎就是两根树墩子。如果您要把腿叉开的话，兔子一定会从你的腿的中间空隙窜过去的。"

塞索伊奇把全部的猎手都安置妥当后，便跨上马，去森林的外面安排其他人了。

围捕是要等很长时间的。我很细致地看着四周。

就在我的面前，估计有四十步远吧，耸立着一些光秃秃的赤杨和白杨，白桦树上的叶子也已掉了一半了，在它们的中间还掺杂着一部分黑黝黝、毛蓬蓬的云杉。再有一会儿，就该有兔子、琴鸡，从这片森林里穿过这些由笔直的树干混合而成的树林，朝着我们跑过来。倘若幸运的话，或许会有那种带翅膀的林中大汉——大松鸡光临呢。难道这样我也还是打不到吗？

这个时候的时间似乎过得很慢，慢得就像是蜗牛爬行一样，真不知道大胖子的感受啊！

忽然，两声既长又响的号角声，从安静的森林外面传了过来：这是塞索伊奇在命令帮忙大喊的人们往前走了——也就是要朝我们这边推进的信号。

这个时候，只见大胖子把他那对火腿胳膊抬了起来，同时举起了双筒枪——那个样子就像是在举着一根小手杖一样，瞄着前面，不再动了。

> **延伸思考**
>
> 塞索伊奇是这群人的核心人物，他安排所有的布置，一切行动都要听他指挥，他有一定的领导才能。

> **延伸思考**
>
> 在等待期间是很难熬的，姿势不能变换，不能大声说话，猎物又没有出现，所以这段时间很不好过。

他是真奇怪啊！这么早就准备好了——胳膊累不累啊？

大喊的声音依然没有传过来。

但是，枪声却已经响了起来——正是按照狙击线，先是右边响了一声，然后是左边响了两声。其他人都在开枪了，但是我还什么都没做呢！

再看大胖子正用双筒枪"砰砰"地发射着，他是在打琴鸡，但是那琴鸡早就飞得高高的了——所以没能打着。

如今，大喊的声音已经远远地传了过来，还有木棍敲打树干的声音，也模模糊糊地传来了。两翼也传过来了叮叮当当的敲锣声。但是，奇怪的是并没有啥东西飞到我这里来，也没有啥东西跑到我这里来。

哦，终于来了！是一个白里透着灰的小东西，它藏在树干后面若隐若现，嗯，看明白了，原来是只还没褪完毛的白兔。

延伸思考
【心理描写】
猎物出现在作者面前，却又掉转方向跑到大胖子那边，胖子却行动迟缓，作者那个着急呀！

唉，这一定是我的了，看起来，呀，小家伙，它却掉转方向了，是大胖子的方向，它急速地跑了过去……哎，大胖子，你行动咋就那么慢呢？赶快打啊！打啊！

砰砰！枪是响了，但没能打中……

结果小白兔慌慌张张地朝着他窜了过去。

砰砰！又是枪响的声音。

有一团白色的东西从兔子的身上甩了出去。可把兔子吓坏了，慌乱之中，它果然从那树墩似的两条腿中间跑了。这时候的大胖子才赶忙去夹他那粗腿……

难道有人用腿抓兔子吗？

延伸思考
胖子的身躯太重了，行动太慢了，兔子的动作太快了，兔子跑了，胖子倒了，真是一无所获。

延伸思考
【语言描写】描写了胖子乐观的态度，虽然没抓住兔子，却抓住了兔子的尾巴，还蛮高兴的。

延伸思考
【动作描写】胖子浑身是肉，行动极其不方便，累得他都喘不过气来——还是要减肥的呀。

兔子早已跑掉了，大胖子那庞大的身体却轰然倒在了地上。

我笑得身体有些不支，前仰后合的，就连眼泪都要出来了。可就在我泪眼朦胧的时候，有两只兔子，一起从森林里跑到了我的跟前，可是，此时的我是不能开枪的，因为那兔子跑的是狙击线。

大胖子缓缓地支起了他的膝盖，跪着站起来。他手里正抓着一大团白毛，他递给我看了看。

"没啥事吧，你？"我朝他喊道。

"没什么，尾巴尖总是被我给打下了，兔子的尾巴真是尖的呢！"

这可真是个名副其实的怪人啊！

打枪的声音终于停止了。大喊的人们也都从森林里出来，聚在了一起，待在大胖子的身边。

"叔叔，你是神父吗？"

"我看着一定是的，不信看他的肚子！"

"真是不相信啊，竟会这样胖！估计是把肚子塞满了打着的野兽吧——所以才会那么胖的。"

真是可怜哪，若是在城里，在我们那打靶场上，是不会有人相信会有这样的事的！

此时的塞索伊奇已经又在催着再次围捕了——田野围捕。于是我们所有的人都嚷嚷着，沿着林中路开始往回走。就在我们的后面，有一辆满载着猎物和大胖子的大车。他看起来非常劳累，不停地喘着，有些上气不接下气。

　　猎人们并不同情他这个可怜虫，路上不停地开着他的玩笑。

　　就在这时，在路拐弯后面，有一只大黑鸟突然飞了起来，越飞越高，都已经飞到森林的上空去了，看起来它很大，足足有两只琴鸡那么大。它就沿着道路飞着，恰好经过我们。

　　再看看大家，几乎所有的人都赶忙抬起了枪，开始不停地扫射：人人都想把这只稀有的猎物快快地打下来。

　　大黑鸟依然飞着，已经飞到了大车的上空了，大家更着急了。

　　大胖子也不甘示弱地举起了手中的枪，仍然是那对火腿胳膊，牢牢地举着那只小手杖。

　　他开枪了！

　　这时候，大家都看见了：那只大黑鸟就像只假鸟一样，在空中停了一下，忽然就不飞了，似乎就是块短木头，从高高的空中落到了地面。

　　"真是好枪法啊！"其中一个人说，"简直就是个神枪手啊！"

　　我们这些真正的猎手们，都感到非常羞涩，没有人说一句话：每个人都开枪了，射击了，每个人也都看见了……

　　大胖子这时候拿起了这只雄松鸡，见它竟然还长着胡子呢，嘿！比兔子还重呢！假如他乐意，我们所有人都想用今天所得到的一切东西去换他这只松鸡。

　　现在不再有人讥笑大胖子了。甚至都没人记得他曾经

延伸思考
【比喻描写】
火腿胳膊体现了胖子的胳膊有肉，小手杖说明那把枪在胖子手里显得太小了。

用腿抓过兔子。

人们改变了对胖子的看法，因为他打到了一只罕见的雄松鸡，他的枪法是那么准，别人都无法做到。

名|家|点|评

本篇描写了打猎的各种趣事，也描写了打猎的各种方法。猎人们足智多谋，可动物们也有谨慎警惕的，比如说大雁。作者也参与到打猎中，他的收获也不小。

拓展训练

1. 谁用喇叭来挑战？

2. 谁的警惕性最高？

3. 胖子打到了什么？

东南西北无线电通报

名家导读

小记者们尽职尽责，他们把各种地形里的秋天景色和各种地形里的动物过秋方式，都报道了出来，真是付出了心血。

注意！注意！

这儿是列宁格勒《森林报》编辑部。

今天，9 月 22 日，是秋分日。我们继续无线电通报。

呼叫苔原和原始森林、沙漠和高山、草原和海洋，都请注意！

请谈一谈，你们那儿的秋天现在是怎样的情况。

这里是乌拉尔原始森林

我们正在忙着迎送客人，送走了一批又来一批，送走了一批又来一批。我们在迎接鸣禽、野鸭和雁，它们都是从北方、从苔原来到我们这儿。它们只是路过，停留的时间不长。今天你还看到它们在这里休息，吃东西；明天你再去，它们就已经不在了。半夜的时候，它们就已经不慌

延伸思考

这里所说的客人指的是鸣禽、野鸭和雁等动物，它们迁徙要经过这里，所以是迎来一批送走一批。

不忙地出发了。我们正欢送在这里过夏的鸟儿。大部分的候鸟，都已经踏上了遥远的旅程，去追寻那已经逝去的阳光，到温暖的地方去过冬了。

风从白桦、白杨和花楸树上吹掉了发黄的、变红的叶子。金黄色的落叶松的针叶已变得柔软而粗糙。晚上，在金黄色的树枝上面，会飞来一些蠢笨的、长着胡子的雄松鸡。它们浑身乌黑，蹲在针叶间大吃大喝。琴鸡在黑黢黢的云杉树顶尖声叫着。这儿飞来了许多红胸脯的雄灰雀、淡灰色的雌灰雀、深红色的松雀、红脑袋的朱顶雀和角百灵。这些鸟也是从北方飞来的，但是它们不再继续往南飞了，这儿就很好。

田野已经空了，在晴朗的日子里，微风缓缓地吹着，细长的蜘蛛丝在田野的上空飞着。最后的一批三色堇还在努力地生长。在灌木丛上，挂着了许多鲜红漂亮的小果实，就像中国的小灯笼一样。

挖土豆的工作就要结束了，我们正在菜园里面收割着最后的一批蔬菜——甘蓝。我们把它装了满满一地窖，准备过冬。我们还在原始森林里采集了杉松的坚果。

小野兽们并没有落在我们的后面。细尾巴的小地鼠——金花鼠——背上有五道刺眼的黑条纹，它把许多杉松的坚果都拖到洞里面去了，它还在菜园里面偷了很多葵花籽，装了满满一仓库。棕红色的松鼠把蘑菇放在了树枝上晒干。它们都在换装，穿上了淡蓝色的"小皮袄"。森林里面的长尾鼠、短尾野鼠和水老鼠，都在往自己的仓库里面搬运着各种各样的食物。森林里面长着斑点的乌鸦——

星鸭——都在搬运榛子，藏到树根底下去了，准备在晚上时吃。

熊找到了一个地方来安家落户，它正在用它的爪子撕扯着云杉树的树皮，准备用来做褥子。

大家都在准备着过冬，大家都在辛勤地工作着。

这里是乌克兰草原

明亮的太阳光下，许多活泼的小球沿着被太阳晒焦的平坦草原奔跑跳跃。它们飞到人的跟前，把人围住，直往人的脚上砸。不过，你一点儿也不觉得痛，因为它们是那么轻。其实它们根本不是什么球儿，而是一团一团的干草。现在，草球飞过土墩和石头，飞到小山包的后面去了。

这些草球是谁揉出来的呢？原来是风！它把一丛丛成熟的草连根拔起，推着它们在草原上跑，就像滚轮子一样，滚着滚着就变成了一团一团的草球。趁这个机会，它们也把种子撒播了出去。

热风很快就不能在草原上游荡了，因为保护农田的护林带已经耸立了起来。这些护林带将保护我们的庄稼不被旱灾毁掉，保证我们有好收成。连通伏尔加河和顿河的列宁通航运河的河水被引进了这里的灌溉渠。

现在，这里正是打猎的好时机。沼泽地的野禽和水禽像一大片乌云似的聚集在草原湖的芦苇丛中，有本地的，也有路过的。在峡谷没有割过草的地方，聚集着一群群肥胖的小鹌鹑。草原上的兔子可真多呀！我们这儿没有白兔，全都是带着棕红色斑点的大灰兔。狐狸和狼也多得很。你喜欢用枪打，就打吧！如果愿意放狗去捉，那就带狗来吧！

在城里的市场上，西瓜、香瓜、苹果、梨、李子等，都快堆成小山啦！各种瓜果闻起来真叫人馋涎欲滴！

延伸思考

打猎的方式很多，可以用猎枪，也可以用猎狗，根据个人的喜好去打猎，真是其乐无穷。

这里是雅马尔半岛苔原

我们这里的一切都结束了，你再也听不见大鸟儿的叫喊声和悬崖上小鸟儿的啾啾声了。可是，夏天时这儿还是一个热闹的鸟儿集市。现在，小巧玲珑的鸣禽也已经离开了我们；雁呀、野鸭呀、鸥呀、乌鸦呀，也都已经飞走了。到处都是静悄悄的。偶尔传来一阵可怕的骨头相撞的声音：这是雄鹿在打架呢。

还是在8月时，早晨就已经开始变冷了。现在，所有地方的水都被冰封了起来。捕鱼的帆船和机动船，早就已经走了。轮船已经停驶了。现在，笨重的破冰船正在坚固的冰原上，费劲地为它们开出一条路。

白天变得越来越短。夜变得越来越长，又黑又冷。几只白色的苍蝇仍然在空中来来回回地飞着。

延伸思考

冬天来了，天变短了，夜变长了，几只垂死挣扎的苍蝇还在空中飞行，它们也许想找到一个暖和的地方吧。

这里是山峰，是世界的屋脊

我们这儿的帕米尔山是那么高，有的山峰甚至超过了七千米，已经长到云彩里去了。

在我们国家，同一个时间，既有夏天，也有冬天：山下是夏天，山上是冬天。

可是，现在秋天来了。冬天从白云里的山峰上开始下降，从上向下把生命赶下来。

首先动身的是野山羊——山里的野羊。夏天时，它们还是住在寒冷的悬崖峭壁的上面，现在它们都已经下山了。它们没有东西吃了，那里所有的植物都已经被雪给埋了起来，冻死了。

山上的绵羊也开始从它们的牧场往山下走来。

在高山草场上面，那些肥大的土拨鼠也看不见了，夏天时在这儿还能看到很多呢。现在，它们已经退到地下去了：它们把自己养得肥头肥脑的，然后挖个地洞躲起来，再把入口用硬塞子（草做的）堵上。

野猪在胡桃树、阿月浑子树和野杏树的丛林里面生活着。

在深深的峡谷谷底，突然出现了一些鸟，夏天在这儿可从来没有见到过它们：角百灵、烟灰色的草地鹀（wú）、红背鸲（qú）、神秘的蓝鸟——山鸫。

这儿很温暖，食物又很多，很多鸟儿都成群结队地飞来了。

在山下面，现在常常会下雨。看着这一场场的秋雨，我们就知道，冬天离我们已经越来越近了——可能山上正在下着雪呢！

人们在田里面收棉花，在果园里面摘水果，在山坡上面摘胡桃。

山顶上的道路早已经被积雪覆盖住了无法通行了。

这里是沙漠

这个季节，我们这里的生活多姿多彩，就像春天一样丰富，像过节一样热闹。

雨水赶走了难以忍受的酷热，一直滴滴答答下个不停。空气透彻了，能清清楚楚地分出远处景物的轮廓；空气清新了，小草又焕发了生机，重新披上了绿装。以前藏起来躲避夏天太阳的动物，现在全都出来透气了。

看看甲虫、蚂蚁和蜘蛛，他们已经从地下钻了出来。小金花鼠也从深洞里探出头，还没忘了侦察一下环境，然后活动活动它的细爪，拖着长长的尾巴，钻了出来，像小袋鼠似的跳跳蹦蹦。可是巨蟒也从夏日梦里醒了过来，猫头鹰、草原狐（鞑靼狐）、沙漠猫也出来了，正在捕捉这些小老鼠呢，真不知道它们是从哪儿冒出来的。快腿的羚羊——体态轻盈的黑尾羚羊、弯鼻羚羊，在沙漠里来回奔跑着，它们或许正在比赛呢！鸟儿也飞来了。

这里到处都是绿颜色，到处都是生命的气息，简直和春天一样，沙漠已经不再是荒凉的了。

我们沿着沙地前行。

这里将要铺上几千公顷的防护林，用来阻挡来自沙漠的热风，保护田野免遭侵袭，并且以后我们将一直持续下

延伸思考
【景色描写】秋雨赶走了酷热，空气清新了，小草又焕发了生机，那些怕热的动物此时全出来了。

延伸思考
沙漠得到雨水的滋润，一些植物焕发了生机，好像春天来临一样，充满了生机，这就是沙漠的秋天。

去，直到征服沙漠。

这里是太平洋

我们沿着北冰洋的冰原，穿过亚洲和美洲之间的海峡，进入了茫茫无边的太平洋。在白令海峡，我们开始碰到鲸，驶入鄂霍次克海后，更是越来越频繁地遇到这些大个头的家伙。

世界上竟有如此令人惊奇的庞然大物！你无法想象，它们的个头有多大，身体有多重，力气有多大！

我们看到一头鲸——不是露脊鲸就是鲱鲸，它被人拖到一艘捕鲸船的甲板上。这头鲸足有 21 米长，要是把大象首尾相连，至少也得需要 6 头才能和它一样长！它的嘴里可以容得下一艘木船，甚至连划船的人都能放得进去！它的总重量有 55 吨！如果做一架巨大的天平，把这头鲸放在其中一个天平盘里，那么，另一个天平盘里得站上 1000 人，才能使两个盘平衡。单是它的一颗心脏，就有 148 千克重，抵得上两个大人的体重！这种鲸还不是最大的呢，有一种蓝鲸，有 33 米长，100 多吨重！

鲸的力气非常大，即使被带绳索的标叉叉住，它们也能拖着船跑上一天一夜；如果它们潜进水中，那可就更危险了——轮船会被它一起拖进水里。

我们还在白令海峡附近见到了海狗，在铜岛附近遇见了一些大海獭——它们正带着自己的小海獭玩耍呢。这些为我们提供了很多非常珍贵毛皮的野兽，以前几乎被日

延伸思考
在太平洋里，鲸的数量越来越多，我们频繁地遇到它们，心里有点担心、害怕，毕竟它们是庞然大物。

延伸思考
采用列数字和举例子的方法，来说明鲸的巨大，它足有 21 米长，真的是一个庞然大物。

本和沙皇俄国的强盗们杀尽，后来由于政府法律的严格保护，它们的数量才快速增长起来。我们还在堪察加的岸边，看到了一些庞大的海狮——几乎和海象差不多大。

可是，当我们看到鲸之后，就觉得这些海兽简直是微不足道。

现在是秋天，鲸离开我们，游到热带的温水里去了。它们将在那里生育小鲸。明年，鲸妈妈将带着孩子，游回我们这里，游向太平洋和北冰洋的海水里来。就是这些吃奶的小鲸，个头儿也比两头牛还要大！

在这里，法律规定严禁猎杀小鲸。

我们这次的无线电通报，就结束了。

下一次通报——也是最后一次通报，将在12月12日进行，敬请关注，不要错过哦！

延伸思考

【对比写法】海狮和海象都很庞大，可看到鲸鱼后，你就知道它们是多么的微不足道。

名家点评

　　本篇用报道的形式，报道了森林里、草原上、高原上、沙漠里和太平洋上的动物，它们是怎样过秋的；还描写了那里秋天的景色，各有不同。

拓展训练

1. 森林里的动物是怎样过秋的？

2. 沙漠里秋天是怎样的景象？

3. 太平洋里都有什么动物？

打靶场

第七期竞赛

1. 准确地说，从哪一天开始正式进入秋天（按照日历）？

2. 秋天落叶纷纷的时候，什么野生哺乳动物还会生产宝宝？

3. 在秋天，哪些树木的叶子会变成红颜色的？

4. 秋天里，所有的候鸟都会离开我们往南方飞，对不对？

5. 老麋鹿为什么被人们称作"犁角兽"？

6. 在春天咕哩咕噜叫："我要买个大褂，我要卖个皮袄。"而在秋天却反过来叫："我要卖个大褂，我要买个皮袄。"这样鸣叫的鸟儿叫什么名字？

7. 附图中画的是两种不同鸟儿走在淤泥地上的脚印。一种鸟儿生活在地上，另一种生活在树上。请根据脚印来判断，哪种鸟儿住在地上，哪种鸟儿住在树上？并做出解释。

8. 如果有乌鸦在一片森林的上空不停盘旋、大声鸣叫，这意味着发生了什么情况？

9. 作为一个合格的猎人，他无论什么时候都不会开枪射击雌松鸡

和雌琴鸡。这是为什么？

10．图中画的前爪骨骼，是属于哪种野兽的？

11．在秋天里，蝴蝶都会躲藏到哪里去？

12．在太阳落山以后，猎人应该把脸朝向什么方向，才能更好地去侦察野鸭？

13．一般来说，在什么情况下，人们会对鸟儿骂道："飞到别处找死去吧"？

14．抛到天地里，今年这样子放进去，次年那样长出来。（谜语，打一类作物）

15．小马儿走路去海外，雪白的肚子黑貂背。（谜语，打一种动物）

16．它坐着的时候，是绿色的；它飞着的时候，是黄色的；但如果它落下，就是黑色的了。（谜语，打一自然物品）

17．身子又细又长，往下面直坠，落到地里，就此不起。（谜语，打一自然现象）

18．长着獠牙，全身灰皮，专门去田野里瞎转悠，找寻小牛和小孩子。（谜语，打一种动物）

19．小偷儿身穿灰衣裳，田里地里找食物。（谜语，打一种鸟儿）

20．针叶林中老家伙，棕色的大檐帽头上戴，开阔的地方站出来。（谜语，打一种植物）

21．长着皮的时候，没有一点用处；从皮里爬出来的时候，人们都抢着要。（谜语，打一种植物）

22．自己不要也不给野鸭。（谜语，打一种物品）

公告

快来喂养流浪的小兔子

现在，小兔子的腿还很短，在森林和田野里跑得很慢。你用手就可以捉到它们。它们需要喝牛奶，它们也很喜欢新鲜的洋白菜的叶子，以及刚刚采摘来的蔬菜。

提前通知

被你喂养着的长耳朵的这些小家伙，是绝对不会让你感到无聊的。因为所有的兔子，都是有名的鼓乐手。在白天的时候，小兔子会安安静静地待在自己的箱子里；而到了晚上，它们就会用爪子像敲鼓似的捶打起箱壁来……呵呵，你马上就会醒来！要知道，兔子可都是在晚上更有精神的啊！

来，让我们建造小棚子吧！

无论是在湖岸上，还是在河岸上或者海岸上，都是可以的。早上或者晚上，你可以去小棚子里坐一会儿。当候鸟大迁徙的时候，你躲到小棚子里，是可以看见许多有意思的事情的：从水里爬出来的野鸭，蹲在离你很近很近的岸边，你可以仔仔细细地观察它们，甚至于它们身上的每一根羽毛，你都能够看得清清楚楚。在水面上绕着圈子飞行的滨鹬；潜着水，在附近游来游去的长毛绵鸭；飞了过来，就落在小棚子旁边的鹭鸶。我们这里的有些鸟儿，你在夏天的时候是看不到的，可是现在，

你却可以躲在棚子里尽情地欣赏它们。

捕鸟的人们，请到果园来吧！请到森林来吧！

现在的这个季节正是捕捉鸣禽的时候啊！快把做好的捕鸟器挂到树上去吧！清洁一下场地，快快把鸟套和网都安放好吧！

"火眼金晴" 第6次测试

是谁来过这里？

家鸭并没有来过这个农村的池塘。在人们夜里睡觉的时候，野鸭是不是来过这个地方？你是怎么知道的？

树林里有两棵白杨树，都被啃了，但被啃的程度有区别。你知道是谁啃的吗？到底是谁来过这里？

在林中道路上的水洼边，曾有动物来散步。这些小十字、小点子是它留下的。它到底是谁？

这里有刺猬被某种动物吃掉了，是从腹部开始吃的，最后只剩下一张皮，别的部分全被吃光了。你知道这到底是谁干的吗？

NO.2

森林报·秋

第 8 期 粮食储备月

10 月 21 日到 11 月 20 日 太阳进入天蝎宫

一年：12 个月的太阳诗篇——10 月

名家导读

天冷了，森林里是什么景象？动物们又都干什么去了？来看看这些小记者们的观察吧。

10 月意味着落叶缤纷，意味着泥泞不堪，意味着冬伏的开始。

专采树叶的西风，从森林里扯下了最后几片枯叶。阴雨绵绵，持续了好几天。一只乌鸦湿漉漉、孤单单地蹲在篱笆上，显得那么落寞、百无聊赖。我们知道，它很快就要出发了。在我们这里歇夏的白嘴鸦，已经悄悄地飞往南

延伸思考

【景色描写】描写了进入深秋后的荒凉景色，寒冷的西风扯着落叶，阴雨连绵，落寞的乌鸦百无聊赖。

方了；而另外一批出生在比我们这里更北的灰乌鸦却悄悄地飞来了。原来，灰乌鸦也是候鸟，在遥远的北方，灰乌鸦跟我们这里的白嘴鸦一样，春天最先飞来，秋天最后飞走。

秋天完成了第一桩计划：给森林脱去夏装。现在它又开始实施第二桩计划：把水变得越来越冷。每天早晨，你会经常看见水洼被一层薄薄的冰覆盖着。

和天空中一样，水里的生命也越来越少。那些夏天里曾在水上盛开的婀娜多姿的花儿，现在早就把种子藏入水底，把亭亭的花茎缩回水下。鱼儿们游到水下的深坑里过冬，因为即使再冷，深坑里的水也不会结冰。软绵绵的长尾巴蝾螈却恰恰相反。它在池塘里住了整整一个夏天，现在却从水里钻出来，爬上陆地，去树根下找个有青苔的地方，把青苔覆盖到身上，暖暖地呼呼大睡。水面都被冰封起来了。

陆地上的冷血动物都快冻僵了。而老鼠、蜘蛛、蜈蚣和其他一些昆虫，都不知藏到什么地方去了。蛇爬到了干燥的坑里，盘成一团，一动不动。蛤蟆钻到烂泥里，蜥蜴躲到树墩残留的树皮下……它们都进入了梦乡。那些不冬眠的野兽们大部分换上了更加暖和的皮大衣，有的把自己洞里的小仓库贮满粮食，有的正忙着为自己寻找温暖避风的巢穴。所有的动物都在为过冬积极准备着……

在秋天风雨连绵的日子里，户外有七种天气：播种天、落叶天、毁坏天、泥泞天、怒号天、大雨天，还有一种是扫叶天。

延伸思考
【拟人写法】秋天就是魔术师，他给森林脱掉绿装，使水变得冰凉、寒冷，甚至结成冰。

延伸思考
【动作描写】描写了蝾螈的特殊过冬方式，它夏天在水下，到了冬天却来到陆地，把青苔盖在身上过冬。

名家点评

十月，这里的天气越来越寒冷，水结冰了，一些动物飞走了，一些冷血动物冬眠了，还有树叶也落光了，一些不冬眠的动物，皮毛加得更厚了，到处是一片冷清的感觉。

拓展训练

1. 十月的天气如何？

2. 冷血动物怎样过冬？

3. 森林里有哪几种天气？

林中大事记

名家导读

秋天即将过去，冬天就要来临，小动物们有什么办法过冬呀？它们可是有着各自的绝招呀！

准备过冬

天气还不算太冷，可那也不能疏忽大意啊！因为一眨眼的工夫，大地和河流就会被封冻起来。到时候去哪儿找食物呢？又到哪儿去藏身呢？

森林里的每一只动物，都在按照自己的方式积极准备过冬。

该飞走的，早就扇动翅膀飞到温暖的南方去躲避饥饿和寒冷了；留下来的，都在急急忙忙地往仓库里搬东西，储存过冬的粮食。

短尾野鼠干得最起劲儿，有的甚至直接把洞挖在农民的稻草垛里或粮食垛下面，每天夜里不停地往洞里偷运粮食。它们的洞交叉缠绕，十分复杂：每个洞都由五六个小过道互相连接，每一个过道都通向一个洞口。地底下还有一个卧室和几个小仓库。

野鼠现在还不睡觉。它们要等到天气最冷的时候才开

延伸思考
【地形描写】描写了野鼠的洞交错纵横，十分复杂，洞口很多，过道也很多，可能是为了预防敌人的偷袭吧。

始冬眠，因此它们得储存很多粮食，准备冬眠之前吃。有些野鼠，甚至已经收集了四五千克精选的谷粒。

由此可见，这些小啮齿科动物专门在庄稼地里或粮库里祸害庄稼、糟蹋粮食，所以是我们重点防备的对象。

过冬的小植物

树木和多年生的草本植物，已经做好入冬前的准备。

一年生的草本植物播下了自己的种子。不过并不是所有的一年生草类都用种子的形式过冬。它们有的已经发芽，很多一年生的杂草，会在翻过土的菜园里生长起来。在荒凉的黑土地上，可以看到荠菜那一簇簇像小锯条似的叶子；还有荨麻似的、毛茸茸、紫红色的野芝麻小叶子；还有小巧玲珑的香母草、三色堇、犁头菜；当然，还有讨厌的紫缕。

这些小植物都努力准备度过冬天，在雪下面生活到明年春天。

入冬前的准备

一棵长着很多枝杈的椴树在雪地里很显眼，像是在白布上洒了一些棕红色的斑点，这些斑点并不是它们的叶子，而是它们的坚果上那种像小舌头似的翅膀。椴树长长短短的树杈上，到处都装饰着这种带翅膀的小坚果。

这种装饰不是只有椴树才有。瞧，那棵高大的桦树不

也是这样吗，身上也挂满了翅果。那些翅果细细长长的，像豆荚似的，一串一串，密密麻麻地挂在树上。

但其中最漂亮的，还要算是山梨树啊！你看，山梨树身上挂着的一串串浆果，看起来沉甸甸的，鲜艳夺目！桃叶卫矛的果实，即使在秋天里仍然那么漂亮，简直如同一朵朵长着黄色雄蕊的玫瑰花，让人叹为观止。

不过，冬天快来了，有的乔木还没来得及传宗接代。

在白桦树上，东一簇西一簇的，是被风干了的菜荑花序，花序上面还藏着一些带翅膀的种子。

赤杨的黑色球果也还没有成熟落地。但白桦树和赤杨还是为明年的春天做好了一些准备，那就是它们长出的菜荑花序。春天一到，这些菜荑花序就会伸直身子，张开薄薄的鳞片，结出花蕾。

榛子树上也有暗红色的菜荑花序，看起来非常肥厚，每根树枝两侧各有一簇。不过，在榛子树上早已找不到榛子了。榛子树告别了它的后代，做好了入冬前的一切安排。

记者 尼·巴甫洛娃

延伸思考

【状物描写】描写了山梨树在秋天的美丽和壮观，那些浆果鲜艳夺目，既像果实，又像花朵。

延伸思考

榛子树的过冬方式是把所有的果实和叶子全部落掉，自己迎风傲雪度过寒冷之冬。

储藏蔬菜

夏天，短耳朵水鼠就住在自己建起来的别墅里。它的别墅坐落在小河边，里面还有一间地下室。地下室的过道从房门口斜着向下，直通到水里。

现在，水鼠在远离水面的一个有着很多草墩的草场上，已经为自己准备好了一间舒适而暖和的冬季住宅，周围有好几条 100 多步长的过道，都通到房子里来。卧室建在一个最大的草墩下面，里面铺满了柔软而暖和的干草，舒服极了。

储藏室和卧室之间由专门的过道连接，好方便"用餐"。

储藏室里的东西摆放得很整齐，分门别类地放着豌豆、蚕豆、葱头和马铃薯等等。这些都是水鼠从田里和菜地里偷采的，又拖着运了回来。

【延伸思考】
水鼠的冬季卧室更是舒适无比，它铺上柔软而暖和的干草，它的卧室就在干草垛下面，真是暖和极了。

松鼠的晒台

松鼠在树上筑了好几个圆圆的巢，其中一个做仓库，里面摆放着从林子里收集来的小坚果和球果。

除此之外，松鼠还采集了一些蘑菇：油菇和白桦菇。它把蘑菇穿在折断了的松枝上晒干。到了冬天，它就可以在树上闲逛散步，顺便吃点干蘑菇充充饥。

活的储藏室

姬蜂给它的孩子找到了一个神奇的储藏室。

姬蜂飞行的速度很快。在它向上卷起来的触角下，长着一双敏锐的眼睛。它还有一个纤细的腰，把它的胸部和腹部分成两截；在腹部末端的尖上，有一根和缝衣针一样的又细又直的尾针。

夏天，姬蜂一抓到又肥又大的蝴蝶幼虫，就把尾尖刺进幼虫的身体里，把它刺晕，在它身上钻个小洞，接着在

【延伸思考】
【形体描写】描写了姬蜂的外貌和身体结构，它长得就像黄蜂一样，它属于昆虫类。

87

这个小洞里产下一枚卵。

做完这一切，姬蜂就飞走了。蝴蝶幼虫也很快从惊吓中清醒过来，庆幸自己没有什么大碍，于是又开始若无其事地吃树叶。当秋天来临的时候，幼虫结了茧，变成了蛹。

这时，在蛹的里面，姬蜂的幼虫也从卵里孵出来了。这只坚固的茧又暖和又安全，而这只蛹也成了姬蜂幼虫的食物，那么大，足够它吃上一年。

当夏天再次来临的时候，蝴蝶幼虫的茧打开了。可是飞出来的并不是蝴蝶，而是一只身子细长、黑红黄三色相间的姬蜂。

姬蜂是我们人类的益友，也是许多害虫幼虫的天敌。

延伸思考
聪明的姬蜂，把自己的卵孵在蝴蝶幼虫里边，借取别人的营养来养活自己，真是不劳而获呀！

自己就是储藏室

许多野兽并不专门建造储藏室，因为它们本身就是自己的储藏室！

在秋天的几个月里，它们大吃大喝，使劲儿把自己吃得肥肥胖胖，长出一层厚厚的脂肪——储藏室也就建好了。

脂肪就是它们储存的过冬食物，在皮下积了厚厚的一层。当这些野兽在冰天雪地找不到东西可吃的时候，身上的脂肪就会像食物一样透过肠壁，渗到血液中，血液再把养料输送到身体各部分，使它们得到能量和营养，而不致被冻死、饿死。

冬天，呼呼大睡的熊、獾和蝙蝠，以及其他大大小小的野兽，都是这样做的。在吃得饱饱的，长得肥肥的以

延伸思考
又一种过冬方式，就是动物吃的肥肥的、胖胖的，用一层厚厚的脂肪来过冬，这就是它们的储藏室。

后，整个冬天它们只管埋头大睡。脂肪在它们体内缓缓地燃烧着，使寒气不能渗透到身体里面。

贼偷贼

森林里的长耳猫头鹰可是个阴险狡诈的惯偷，可是有那么一个贼，竟然偷到它身上去了！

单从外表看，长耳猫头鹰长得和雕鸮差不多，只是个头小了一点儿。嘴巴像个钩子，头上有几撮羽毛竖起来，眼睛又大又圆。不管夜有多么黑，这双眼睛都能穿透黑暗，看清一切，它的耳朵也灵敏得很，什么都听得清。

老鼠在枯叶堆里刚发出细微的窸窸窣窣的响动，长耳猫头鹰就已经看得一清二楚了。只听"嗖"的一声，老鼠转眼间成了它的猎物。小兔子刚在空地上一闪而过，这个夜强盗就已经飞到它的上空，又是"嗖"的一声，小兔子也立即命赴黄泉。小动物们真是闻"鹰"色变啊！

长耳猫头鹰把死老鼠拖回自己的树洞里藏起来，即使当时不吃，也不会给别人吃，它会一直留着，等冬天找不到东西时再吃。

白天，它就待在树洞里，看着自己储存的食物；夜里，则飞出去打猎。期间它还常常不放心地飞回树洞：东西没有少掉吧？

不过有一天，它突然发现，自己储备的食物好像真的变少了——这位主人虽然不会数数，但它的眼睛可是相当敏锐，能用眼睛计算食物的体积。

延伸思考

描写了猫头鹰的眼睛锐利，耳朵灵敏，它能在黑夜里看得清、听得见敌人，所以猫头鹰就在夜里活动。

延伸思考

猫头鹰很警惕，它猎捕食物后，会储藏起来，但它不放心，会飞回去看看少了没有。

这天，黑夜再次降临，饿了一白天的猫头鹰像往常一样飞出去打猎。

等它回来一看，都快气死了！原来藏在树洞里的老鼠一只都没有了！而一只和老鼠差不多大的灰色小动物，趴在那里蠕动着。

就是这个可恶的小贼吗？长耳猫头鹰立刻伸出爪子想抓住那只小野兽，好好审问一番。可是，这个小东西却早已窜进下面的一条树缝，飞也似的跑远了。它的嘴里竟然叼着一只小老鼠呢！ 长耳猫头鹰紧追不舍，眼看就要追上了，可是，等它看清楚了小贼是谁，就自认倒霉了，它决定放弃与敌人争夺老鼠的想法。为什么呢？原来这个小贼竟是伶鼬，它虽然个儿小，可是残暴得很。

伶鼬专靠抢劫为生，它既勇敢又灵活，连猫头鹰也不放在眼里。要是谁被它一口咬住胸脯，可就甭想再挣脱了。

是夏天又来了吗？

天气一会儿冷，一会儿热。冷的时候，风就像刀子一样刺骨；可是过一会儿太阳出来了，天气又会变得很暖和，使人们恍然有了错觉：是夏天又回来了吗？

草丛下面，黄澄澄的蒲公英和樱草花探出了头。蝴蝶在空中轻盈地飞舞；蚊虫成群结队，像一根轻飘飘的柱子，在空中回旋。一只小巧玲珑的鹡鸰不知从什么地方飞来了，它翘起尾巴欢快地唱起歌——那么热情，那么嘹亮！

延伸思考

【动作描写】说明这个小家伙动作更迅速，它机警灵敏，看到猫头鹰回来，立刻逃之夭夭。

延伸思考

介绍了伶鼬的特性，勇敢灵活，残暴凶猛，它连猫头鹰都不会放到眼里，猫头鹰也有可能会丧命它的手里。

高大的云杉树上，传来了迟飞的柳莺柔婉的歌声，如泣如诉，哀婉动人，好像雨滴轻轻敲打着水面："敲，清，卡！敲，清，卡！"

你听到这么温柔的歌声，恐怕会暂时忘记冬天已经快来了这件事儿吧！

不幸的青蛙

池塘连同池塘里的居民，全都被冰封起来了。一切都静悄悄的。

可是有一天，太阳射出温暖的光芒，晒得冰面都融化了。于是，集体农庄的庄员们决定把池底彻底清理一下，他们从池底清理出一大堆淤泥，堆在池塘边。

阳光很耀眼，晒得一切都暖洋洋的，淤泥堆很快散发出水蒸气。忽然间，一团淤泥竟然动弹起来，蹦跳着离开淤泥堆，满地打起滚儿，一直滚到了池塘边上。咦，这到底是怎么回事儿？

随即，一条小尾巴从一个小泥团里露出，在地上抖动不已。紧接着，"扑通"一声，泥团儿竟然又跳回池塘里去了！接下来，一个、两个、三个……很多小泥团儿都长出了小腿儿，纷纷跳进了池塘。这可真是怪事啊！

你一定猜出来了吧？它们可不是单纯的小泥团儿，而是满身裹着烂泥的小鲫鱼和小青蛙！

天气变冷以后，鲫鱼和青蛙都钻到池塘的淤泥里过冬去了。正睡得迷迷糊糊的时候，它们被农庄的庄员们连同

延伸思考

【动作描写】会跳的淤泥是什么呢？其实是一些躲在泥中的小动物，它们在那里准备过冬。

延伸思考

【前后呼应】它们果然是一群小动物，他们是小鲫鱼和小青蛙，它们躲在泥里，谁知被人们扔了出来。

淤泥一起挖了出来。太阳晒热淤泥堆，鲫鱼和青蛙慢慢苏醒过来，不禁嘀咕道：哎呀，坏事了，人们竟然把我们挖了出来！赶紧逃回去吧！它们开始钻出淤泥堆，跳跃着，打着滚，蹦回了池塘！鲫鱼又钻进泥里睡着了；而青蛙呢，它心想：我得找个更清静的地方，免得下次睡得正香的时候，再被人给挖出来！

这几十只青蛙好像商量好了，都朝同一个方向跳过去。那边还有个池塘，就在打麦场和大路的对面，比先前这个更大、更深。没多久，青蛙们已经跳上了大路。

但是，这些可怜的小青蛙忽略了一件事：在这深秋的天气里，太阳的温暖和温柔是不可靠的。

一片乌云飘过来，遮住了太阳，那不多的温暖立刻消失了，寒冷的北风转眼刮了起来。这些赤身裸体的小旅行家们被冻得瑟瑟发抖，它们感到血液快要凝固了，一点儿力气都没有。它们又挣扎着蹦了几下，很快，它们就直僵僵地躺在了地上。

这些可怜的青蛙都被冻死了，头都朝着一个方向——大路那边的大池塘。

红胸脯的小鸟

夏季的一天，我经过森林，忽然听见茂密的草丛里传出窸窸窣窣的声音。我吓了一跳，但很快缓过神儿来，开始仔细观察草丛。原来是一只小鸟被青草绊住小爪子，出不来了。这只小鸟个头儿不大，浑身上下都是灰色的羽

【心理描写】描写了小青蛙被挖出来，心里很是不舒服，它要再找一个更清静的地方去过冬。

【动作描写】描写了可怜的小青蛙们，因为天气的寒冷，它们的血液被凝固了，被冻僵在大路上。

毛，但胸脯却是鲜艳的红色，看起来别致可爱。

我不费吹灰之力就把它抓住了。我感到非常高兴，手舞足蹈地跑回了家。

到家后，我喂了它点儿面包屑吃。它填饱了肚子，渐渐高兴起来了。我还给它弄了一个舒服的笼子住下，每天都给它捉小虫吃，就这样，它在我家里一直住到了秋天。

可是不久前，不幸的事情发生了。有一次，我出去玩，忘了把笼子的门关好，我家那只可恶的猫竟然把它吃掉了！

我很爱这只红胸脯的小鸟，甚至为此大哭了一场，还狠狠地教训了猫一顿，可是除此之外，我还有什么办法呢？

森林小记者 奥斯达宁

延伸思考

由此可以看出我是一个有爱心的人，我对被捕的小鸟疼爱有加，使它健康地成长。

可别惹松鼠呀！

松鼠每年都要操心一件事：夏天要不停地储存粮食，好留着冬天吃。

有一回，我曾亲眼看见，一只松鼠从云杉树上摘下一个球果，吭哧吭哧地把它拖到洞里去。我悄悄地在这棵树上留了个记号。后来，我们把这棵树砍倒，把松鼠掏出来，还在树洞里发现了各种各样的球果。你看，这小家伙多勤劳呀！

我把松鼠带回家，养在笼子里。它长着长长的毛茸茸的尾巴，看起来又乖巧又温顺。邻居家的小弟弟伸出小手想去摸摸它，可是，这只松鼠却毫不客气地咬了一口，手指都给咬破了，流出了血。它可真是一点儿都不好惹啊！

延伸思考

松鼠是一个勤劳的动物，它趁暖和储蓄食物，作者在树洞里发现了它准备的各种球果。

我到森林里采了许多云杉球果带给它，它非常喜欢吃。不过，它最爱吃的还是榛子和胡桃。

◎森林小记者 斯米尔诺夫

我家的小鸭

我家的火鸡常常躲到鸡窝里孵蛋。一次，妈妈把三枚鸭蛋放在了一只火鸡的身下。

到了第四个星期，那只火鸡孵出了几只小鸡和三只小鸭。在小家伙儿长结实以前，我们一直把它们养在非常暖和的地方。直到外面也暖和起来，我们才允许火鸡带着它们到外面去玩。

我家附近有一条水渠。一天，火鸡带着自己的宝贝们走到岸边，也许是天性使然，小鸭子马上摇摇摆摆地下到水里，游了起来。火鸡急坏了，忙跑过去，"咯咯"大叫："哦！孩子们，快上来，那儿危险，会淹死你们的！"不过小鸭子们却好像没听见似的，还把头伸进水里玩。火鸡看到小鸭子们游得那么娴熟，一点儿事都没有，就放下心来，带着别的小鸡们叽叽咕咕地走开了。

小鸭子们游了一小会儿，就感觉冷了。它们从水里爬出来，扁扁的小嘴巴嘎嘎地叫着，好像在说："冷啊，冷啊，冷死了！"它们浑身直打哆嗦。也许火鸡已经发现了它们三个是异类，或者是对它们刚才不听教导的惩罚，反正拒绝把它们搂到翅膀底下取暖。

它们三个只得摇摇晃晃地跑到我的脚边。我把小鸭子

延伸思考
小鸡和小鸭子还小，还没有抵抗力，所以作者不让它们到外面去，因为外面还比较寒冷。

延伸思考
动物也有生气的时候，它们也能观察出和自己不一样的地方，所以火鸡不愿意再疼爱小鸭子了。

捧到手里，用手帕盖好，带到屋子里，它们立刻就乖乖地安静了下来。从此，它们就和我住在了一起。

每天清早，我都会把三只小鸭从家里放出来。它们兴奋地跳进水里，一感到冷，便会马上跑回家。它们那么弱小，翅膀的羽毛都还没有长齐呢，连台阶都飞不上去，只知道不停地叫唤。有人路过，就会把它们拎上台阶，它们会一路嘎嘎地径直跑到我的房间，并排站好，伸长脖子，一个劲儿地叫唤。有时候我还在睡觉，妈妈会把它们拎到床上。它们立即钻进我的被窝里，跟我一起又睡着了。

临近秋天的时候，它们都已经长大了，我也被送到城里去上学。妈妈写信告诉我，我的小鸭子们非常想念我，老是跑到我的床边，哀哀地叫唤。我得知这个消息后，哭了很多次。

◎森林小记者 薇拉·米谢耶娃

【延伸思考】
【动作描写】描写了三只小鸭子的可爱，它们已经认准了小作者，就像妈妈一样，它们站好队，伸长脖子求助。

【延伸思考】
小动物也是有感情的，作者对鸭子的好，它们很怀念，所以它们常常在作者床前叫唤，以示想念。

星鸦之谜

在我们这儿的森林里，生活着一种乌鸦。它比普通的灰乌鸦小一点儿，浑身尽是斑点，所以我们叫它星鸦，西伯利亚人叫它星乌。

星鸦采集松子，储存到树洞里或者树根底下，准备冬天再吃。

到了冬天，星鸦就从这个地方游荡到那个地方，从这片森林飞到那片森林，靠储存的粮食充饥。

可是，它们吃的是自己储存的食物吗？才不是呢！每

一只星鸦吃的，都不是自己贮藏的松子，而是它们的同族贮藏的。不过它们自己储藏的松子，也可能在被别的星鸦享用呢！

它们每飞到一片陌生的小树林，头一件事儿，就是去寻找别的星鸦储藏在那片树林里的松子。它们搜索所有的树洞，在树洞里寻找松子。

藏在树洞里的松子当然好找些。可是，被藏到树根下或灌木丛下面的那些松子，它们又是怎么找到的呢？要知道，冬天的时候，整个大地都被白雪覆盖了起来，白茫茫一片，连路都难找。可是，星鸦们看似随意地飞到一株灌木丛边上，拨开下面的雪，总是能够百分之百地找到其他星鸦藏的松子。周围有成千上万的乔木和灌木，它怎么知道恰恰是这棵树下面藏着松子呢？它们到底是凭什么记号找到的呢？

这一点，现在还是个未解之谜。

☀ 惊恐的小白兔

秋天来了，树上的叶子都掉光了，森林变得稀稀疏疏的。

一只小白兔伏在灌木丛下，身子紧贴着地面，两只眼睛惊慌地东张西望。它很害怕，因为周围老是发出莫名其妙的细微响动。扑扑！沙沙！哇哇！是老鹰在树枝上扇动翅膀吗？是狐狸把脚爪踩到了落叶上吗？小兔子不能确定。

这只小兔子的毛色正在变白，但还没有完全变好，所以斑斑驳驳的。小兔子还不敢出去，它正耐心地等待着头一场大雪。

周围是那样明亮绚丽，森林像个五颜六色的万花筒，到处都是黄色、红色和棕色的落叶。

这个时候，万一来了个猎人该怎么办？

要立刻跳起来逃跑吗？往哪儿跑呢？干枯的叶子像铁皮似的，在脚下沙沙乱响，搞不好自己会被自己的脚步声吓死的！

小白兔在灌木丛下胡思乱想，它把整个身子藏在青苔里，贴在一个白桦树墩上，一动也不敢动，大气也不敢出，光是两只眼睛在转动，东瞅瞅西望望。

延伸思考
【比喻描写】把森林比成是万花筒，意思是说森林的落叶五颜六色，千姿百态，美不胜收。

"女巫的扫帚"

现在，树木都是光秃秃的，不过你仍旧可以看到一些在夏天看不到的东西。比如，远处那棵白桦树，上面好像布满了白嘴鸦的巢。可是等你走近一看，却发现那根本不是什么鸟巢，而是一些黑色细树枝。它们密密麻麻地向四面八方生长着，被人们叫作"女巫的扫帚"。

你们可以回想一下，都听过哪些关于女巫的童话或传说呢？无论在哪个故事里，女巫都有一个不可缺少的道具——扫帚。她们骑着扫帚从烟囱里飞出来，乘着扫帚杆在空中飞行，或者用扫帚清除自己的痕迹。因此，她们会给各种树施一种魔法，让那些树长出一束束像扫帚似的难看的树枝。反正，讲童话的人都是这么讲的！

延伸思考
说明什么是"女巫的扫帚"，原来是一些黑色的树枝，不定向地向四面八方生长，所以叫扫帚。

当然啦，这些只是传说而已！那么科学的说法又是怎样的呢？事实上，树上会长出这样一束束奇怪的细枝，是因为得了一种疾病。这种病是由一种特殊的扁虱，或者是由菌类引起的。榛子树上的扁虱又小又轻，随风飘得满树林都是。扁虱每落到一根树枝上，就会钻进那根树枝的胚芽，在里面定居下来，靠吸吮胚芽的汁液生存。在这个过程中，它们产生了分泌物，胚芽因此受到感染而患病。等到这个胚芽开始发育的时候，它就以神奇的速度开始疯长，像变魔术一样，比普通枝条生长的速度快6倍。

病芽很快就会长成一根短短的嫩枝，嫩枝又会生出侧枝。扁虱繁殖的幼虫们爬到侧枝上，于是侧枝又生出侧枝。就这样，不断地分枝又分枝。于是，在原来只有一个芽、本该只长一根粗枝条的地方，就会长出很多很多的细枝条，最后长成一把难看的"女巫的扫帚"。

当这种扁虱或真菌进入任何一种树的胚芽里面，并在里面繁殖时，都会导致这样的结果。比如桦树、赤杨、山毛榉、千金榆、槭树、松树、云杉、冷杉等乔木，以及其他种类的乔木、灌木上，都可能长出"女巫的扫帚"。

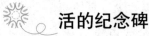 活的纪念碑

现在正是植树的好时候。

在这个欢乐且有益的事情上，孩子们可一点儿都不比大人落后。他们小心翼翼地把冬眠中的小树挖出来，移植到新的地方，并注意不伤到树根。很快，小树就将从冬眠

延伸思考
讲述了这些黑扫帚的生成原因，原来是感染了一种病菌，才开始疯长的，无法控制。

延伸思考
孩子们是热衷于公益事业的，他们的热情往往比大人要高涨，所以植树也成了孩子们积极的活动。

中醒来，长出嫩绿的小叶子，给人们带来无尽的春的喜悦。每一个栽种或者照料过小树的孩子——哪怕只有一棵小树，都是在为自己立一座有意义的绿色纪念碑，一座永久的活的纪念碑。

孩子们有很好的主意，他们在花园和校园里栽种了一些活篱笆，活篱笆由小树和灌木丛组成，栽得密密层层的。这些浓密的活篱笆不仅能阻挡尘土和风雪，还可以引来许多鸟儿——它们能在这里找到安全的藏身处。夏天，鹡鸰、知更鸟、黄莺和其他的益鸟，会在这些活篱笆里筑巢、孵雏鸟。它们可不是白住的，它们会热心地帮我们保护花园和菜园免遭害虫的侵害。清早和傍晚的时候，它们还会唱欢乐动听的歌儿给我们听。

夏天的时候，一些少先队员去了克里米亚，从那里带回来一种很有趣的灌木——列娃树的种子。来年春天，可以用这些种子建成更出色的篱笆，只是篱笆上不得不挂个牌子："请勿触摸！"这种灌木的杀伤性很强，它不会放过任何企图穿越它缝隙的人或动物。因为列娃树可以像刺猬一样戳人，像猫一样抓人，像荨麻一样灼人。

让我们等着吧，看什么鸟儿会选中这个严厉的看守充当自己的保卫者吧！

候鸟迁徙之谜

在人们的观念中，鸟儿的迁徙好像是一件再简单不过的事情了——它们有翅膀，还不是想飞到哪儿，就飞到哪儿啊！这个地方天气冷起来了，没有东西可吃了，那就拍拍翅膀，向南飞一段路，飞到暖和一些的地方去呗！如果那里的天气也冷了起来，那就再往南飞远一些。反正，随便飞到一个气候适宜、食物丰富的地方，就可以过冬了。

当然不可能这么简单！不知道为什么，我们这里的朱雀会一直飞到印度去过冬；而西伯利亚的游隼却要经过印度和几十个适合过冬的热带地方，一直飞到澳大利亚去。

这样看来，促使候鸟越过高山，飞过海洋，千里迢迢飞到遥远的国度的原因，并不只是由于饥饿和寒冷这么简单，那可能是鸟类的一种与生俱来、非常复杂、无法言说也无法摆脱和克制的感觉。

大家都知道，在远古的时候，苏联的大部分地区都曾经遭受过冰川气候的侵袭。死气沉沉的、沉甸甸的冰河以排山倒海之势，迅速地淹没整片平原，之后又慢慢地退却了，这个过程持续了整整几百年。后来，冰河又卷土重来，所到之处，几乎毁灭了所有生命。

鸟类靠它们的翅膀保全了生命。

头一批飞走的鸟儿，占据了最靠近冰河岸边的土地，下一批到的定居得离岸边稍远一些，再下一批更远。总之，就好像玩跳背游戏似的，一批接一批排列着。冰河慢慢退却的时候，背井离乡的鸟儿，又长途跋涉返回自己的故乡。飞得不远的鸟儿，等到冰河退去，最先飞回来；飞得远一些的，下一批回来；飞得更远一些的，再下一批回来——这一回，跳背游戏的顺序又倒了过来。不过，这个跳背游戏玩得真够慢的——好几千年才跳完一次！在这巨

延伸思考
鸟类的意识之中可能已经定位，它们认准了自己需要落脚的地方，那可能是它们的家乡，无论走到哪里，都会回到自己的家乡吧。

延伸思考
果然如此，这些鸟们是怀念自己的家乡的，它们只是临时躲避一下寒冷和灾难，等一切恢复如初，它们就会回来。

大的时间间隔里，鸟类养成了一种习惯：秋天，天气要变冷的时候，离开自己的家乡；春天，天气回暖的时候，再回到那里。这种习惯经过天长日久的磨砺，变得"刻骨铭心"，于是就被长期保留了下来。因此，候鸟每年都会从北向南飞。

地球上没有被冰河侵袭过的地方，几乎没有随季节变化而迁徙的候鸟——这个事实也间接证明了上面的猜想。

其他原因

秋天，鸟儿并不一定都是向南——向温暖的地方迁徙，也有些鸟类也向别处飞，甚至有的会向北——向最寒冷的地方飞。

有些鸟儿是因为大地被深雪覆盖，水被坚冰封住，找不到什么东西可吃，所以才离开故乡。但只要大地出现一点儿融化的迹象，白嘴鸦、椋鸟、云雀等，就会马上飞回来。只要江河湖泊上一出现冰雪融化的地方，鸥鸟和野鸭也就重新出现了。

绵鸭无论如何也不会留在干达拉克沙禁猎区过冬，因为那时白海会被一层厚厚的冰雪覆盖起来，什么食物也找不到。它们不得不往北方飞，那里有温暖的北大西洋暖流经过，虽然是更北的地方，可是那里的海水整个冬天都不会冻结。

冬天，从莫斯科向南走，一直走到乌克兰。在那里，我们可以看到白嘴鸦、云雀和椋鸟。云雀、灰雀、黄雀等

延伸思考
候鸟要飞回的地方并不都是暖和的地方，有的要回到寒冷的地方，也许是为了寻找自己意识中的故地吧。

延伸思考
绵鸭的迁徙是因为白海会被厚厚的冰雪覆盖，没有了食物，没有了暖和的住所，所以它们要迁徙。

103

鸟儿，在我们这儿被认为是留鸟，其实许多留鸟也并非一直都居住在一个地方，它们也在迁移。只有城里的麻雀、寒鸦、鸽子，森林和田野里的野鸡，才会一年四季待在同一个地方；其余的鸟儿，有的飞到近一些的地方去，有的飞到远一些的地方去。

那么应该怎样判断哪一种鸟是真正的候鸟，哪一种鸟只是简单的迁移呢？

比方说朱雀吧，这种红色的金丝雀，你就不能说它是候鸟，黄鸟也一样。朱雀飞到印度，黄鸟飞到非洲。它们不属于候鸟的原因是：它们并不是因为冰河的侵袭和退却而迁徙，而是有别的原因。

雌朱雀看起来跟普通麻雀没什么分别，只是头上和胸部长着鲜红的羽毛。更令人惊奇的是黄鸟，它浑身上下都是纯金色的，衬着两只黝黑的翅膀，漂亮极了！你不由得会想："这些鸟儿的服装是多么华美呀！在我们北方，它们真的算是本地鸟吗？它们会不会是来自遥远的热带国家的客人呢？"

你猜得没错。黄鸟是典型的非洲鸟，朱雀是印度鸟。也许可以这样猜想：在它们的故乡，这些鸟类发生了过剩现象，因此年轻的鸟儿不得不为自己寻找新的居住地。于是，它们开始集体向不太拥挤的北方迁徙。那儿的夏天也不冷，就算是刚出生的光溜溜的雏鸟，也不会被冻坏。等到天气冷起来、吃的东西不容易找到的时候，再返回故乡。这时候，雏鸟也已经长好了翅膀和羽毛，它们成群结队地和和睦睦地住在一起。鸟儿是不会赶走同类的。等到

延伸思考

过渡段，提出问题，引出下文，上面讲了很多鸟的迁徙，可怎样才算真正的迁徙呢？吸引读者。

延伸思考

作者合理的猜想，这些鸟们可能是由于发生了过剩现象，要不然怎么会飞到北方来呢？

延伸思考

年复一年，日复一日，鸟儿们就这样来来回回，养成了迁徙的习惯，这并非一日之功。

春天，再飞到北方去。像这样飞去飞回，飞去又飞回，如此周而复始地过了几千几万年，于是养成了迁徙的习惯：黄鸟往北飞，经过地中海飞到欧洲；朱雀从印度往北飞，经过阿尔泰山脉飞到西伯利亚，然后再往西飞，经过乌拉尔继续往前飞。

这些鸟儿迁移的假说，也能向我们说明一些问题。不过，关于迁移的真正原因，还有很多谜底没有揭开。

一只小布谷鸟的简史

在列宁格勒州附近，泽列诺高尔斯克的一座花园里，一只小布谷鸟——也就是小杜鹃，出生在知更鸟的家里。在它的左翅膀上，可以明显看到一小块白羽斑。

请不要问，它怎么会孤零零地出现在一棵老云杉树根旁的舒舒服服的巢里。也不必问，这只小布谷鸟给它的知更鸟养父母带来了多少麻烦、牵挂和不安，它们费了多大的力气才把这只个头儿比它们大三倍的馋鬼喂饱。

延伸思考

描写了知更鸟无私的精神，把捡来的布谷鸟不惜一切地养大，而且这种布谷鸟的体形要比它们大三倍，想想是多么不容易。

一天，花园的管理员走到巢前，拿出已经长出羽毛的小布谷鸟，仔细地瞧瞧，又放了回去。这可把知更鸟夫妇吓得半死。

后来，知更鸟夫妇终于把布谷鸟喂大了。可是这个小布谷鸟飞离巢穴后，只要一看见它们，就张开红黄色的大嘴巴，嘶哑着喉咙要东西吃。

10月初，花园里的大多数树木都只剩下了光秃秃的枝杈，只有一棵橡树和两棵老槭树，还舍不得脱下色彩艳丽的衣裳。这时，小布谷鸟不见了，至于那些成年的布谷鸟，早在一个月之前，就离开这里飞走了。

这只小布谷鸟和我们这里的其他布谷鸟一样，在南非度过了这一年的冬天。夏天飞到我们这儿来的布谷鸟都是在那里出生的。

而今年夏天，也就是几天前，花园管理员看见一棵老云杉树上落着一只雌布谷鸟。他担心它破坏知更鸟的巢，就用气枪把它打死了。

在这只布谷鸟的左翅膀上，也有块明显的白羽斑。

依旧是个谜

关于候鸟迁徙的原因，我们已经作了几个猜想，但还是有一些问题依旧无法解答。

第一个问题：候鸟迁徙的路程长达几千千米，它们怎么会认识这条路呢？

以前，人们认为，在每一队秋季迁徙的鸟群里，至少有一只年长的老鸟，带领着全体年轻的鸟儿，沿着它所熟悉的线路，从筑巢地飞往过冬地。但事实却是另一种情况：今年夏天刚从我们这里孵出的鸟群里，可能连一只老鸟也没有。有些种类的鸟，年轻的鸟比年长的鸟先飞走；有些种类的鸟，年长的鸟比年轻的鸟先飞走。不过，不管怎样，年轻的鸟都能在规定的日期准确无误地抵达越冬地。

这可真是奇怪，鸟的脑袋瓜只有那么一丁点儿大。退一步讲，就算年长的鸟能记住那几千几万千米长的行程，

延伸思考
这只布谷鸟应该是知更鸟养大的那只，它可能是回来看它的养父母了吧，但管理员不知情，却伤害了它的性命。

延伸思考
年轻的鸟体强力壮，而且鸟儿们也非常守时，它们总是按照约定时间飞回要去的地方。

可是雏鸟呢，它们出生才两三个月，还没有见过世面呢，它们怎么会认识这条线路呢？这真叫人百思不得其解。

就拿我们泽列诺高尔斯克的那只小布谷鸟来说吧，它是怎样找到南非的那个越冬地的呢？所有的老布谷鸟，几乎都比它早飞走一个月，因此没有经验丰富的鸟儿给这只小布谷鸟引路。布谷鸟性格孤僻，从来不成群结队，甚至在迁徙的时候，都是单独飞行的。小布谷鸟是知更鸟哺育大的，而知更鸟飞到高加索过冬。那么，我们的小布谷鸟是如何获知路线，飞到布谷鸟世世代代过冬的南非的呢？而且，飞去以后，它又怎样回到当初把它放进知更鸟夫妇鸟巢里的亲生父母那儿的呢？

延伸思考

这一系列的问题都说明鸟儿们天生就是认路的，它们也许有自己特定的识路感觉和认家的本领。

第二个问题：年轻的鸟儿怎么知道，它们应该飞到哪里过冬呢？

亲爱的《森林报》的读者们，你们得好好研究一下鸟类的这个秘密——也说不定，这个秘密还得留给你们的孩子去研究呢！

要解答这个问题，你不能总是归因于"本能"、"天生"这种不能解释的词汇，你需要想出千千万万个巧妙的实验来做，我们要彻底搞明白：鸟类的大脑和人类的大脑到底有什么不同？

名家点评

本篇描写了各种动物过冬的妙招，有的是自己储藏食物，冬眠过冬；有的是迁徙过冬。作者研究了动物迁徙过冬的原因，但没结果。

农庄里的新闻

名家导读

新闻天天有，农庄里也是，新闻不断，小记者们又发布了哪些新闻呀？请你们仔细地往下读。

养鸡场昨天晚上亮起电灯了。现在白天变得短了，为了让鸡能够在夜里也散散步、多吃点东西，人们决定每晚用灯光照亮鸡场。

鸡兴奋起来了。电灯亮起来的时候，它们会立刻扑在炉灰中沐浴。特别是一只最淘气的、总是寻衅滋事的大公鸡，歪着脑袋用右眼看着电灯泡唠叨："咯！咯！哦，你有本事再挂得低一点，再低一点，我一定要啄你一下！"

干草末，又好吃又有营养，不管对于哪种饲料，都是最理想的调味料。人们都是用高级的干草来制作这种草末的。

老母鸡，老母鸡，如果你们都想"咯咯哒！咯咯哒！"地不断地下鸡蛋的话，那就给你点干草末吧！小猪崽，小猪崽，如果你们想快快长成大猪的话，那就给你点干草末吧！

来自新农村的报道

现在，苹果树上面光秃秃的，没有一片叶子了。人们

延伸思考

白天变短，阳光补充不足，根据科学养鸡法，用灯光来补充阳光，所以鸡场亮起了灯光。

延伸思考
讲述了为什么要把苔藓摘下来，因为里面躲藏着害虫，来年春天它会毁掉苹果树的。

在忙着整修它们，打扮它们。在这个过程中，首先要把它们收拾干净，也就是把它们身上的苔藓摘下来。虽然苔藓这种灰绿色的饰物并不难看，但它里面躲藏着害虫。人们在苹果树干和下面的树枝上全都涂上了石灰。这样可以防止它们再生虫，也可以阻止阳光灼伤它们，在抵御寒冷方面也有一定作用。穿上了雪白的新衣服以后，苹果树现在看起来十分漂亮。哈哈，很快就要过节了，人们是有意识地在这个时候把它们打扮起来的。

适合百岁老人采摘的蘑菇

我们《森林报》的记者去访问阿库丽娜，一位百岁的老婆婆，可惜她没在家。邻居告诉我们，老婆婆是去采蘑菇了。她一回来，就给我们看她那满满一口袋洋口蘑。她跟我们说：

"我的眼睛有点儿花了，是找不到那些一个一个单独生长的蘑菇的！那些蘑菇，总是和人的眼睛捉迷藏！但是我采回来的这种蘑菇不一样，只要找到一个，就能找到几十个上百个。这种洋口蘑，有一个习惯，它们经常爬到树墩上，好让自己更显眼一些。我这样的老婆婆，最适合采摘这种蘑菇了！"

延伸思考
【语言描写】婆婆告诉大家，这种蘑菇长在大树墩上，很显眼，如果找到一个，就会找到一大窝。

入冬以前的播种

胡萝卜、葱、莴苣和香芹菜的种子正被蔬菜工作队种

往耷上。队长的孙女看着种子被撒在冰冷的土里面，噘起了小嘴，小眉头也紧皱起来。她很认真地说，她听见了种子在大声抱怨着："天儿这么冷，你们还把我们抛在这里，我们决不发芽！你们想发芽，你们自己发去吧！"

延伸思考

【语言描写】描述了小女孩的天真幼稚和淳朴，她觉得种子也是有感情的，它们也不愿在冰冷的土里待着。

呵呵，蔬菜工作队的队员们本来就没打算让它们在秋天发芽。秋天不能发芽这一点，他们是很清楚的。

但是，春天的时候，这些种子很早就会发芽，很早就会成熟。能够早一点吃到胡萝卜、葱、莴苣和香芹菜，那是多么令人高兴的事啊！

尼·巴甫洛娃

集体农庄里的植树周

大批的树苗已经准备好，放在苗圃里了。那是上百万棵的梨树、苹果树和其他果树。我们打算把它们栽到院落旁边的地段上。

名家点评

农庄又有了新闻，鸡场亮起了电灯；人们给苹果树摘苔藓，并刷白灰以防虫害；老婆婆找的蘑菇又大又多；人们在秋季播下一些种子，等来年发芽，这都是庄里的新鲜事。

城市新闻

名家导读

你们知道了农庄里的动物过冬的方法，那么城市里的动物是怎样过冬的呢？我们就一起来看看吧。

在动物园里

鸟兽已经从夏天的露天住所，搬到冬天的住宅里面来了。它们的笼子里已经升上了火，烧得暖暖和和的。所以，没有一只野兽打算过那漫长的冬眠生活。

园里的鸟儿没有飞到笼子外面去。一天之内，它们就全部被人从寒冷的地方搬到暖和的地方去了。

延伸思考

讲述了这些鸟儿们在人类的帮助下，不再迁徙，人们已经为它们准备好了暖和的住所。

没有螺旋桨的飞机

这段日子，总有一些奇怪的小飞机，在本市的空中盘旋。

行人常常会在街心站住，抬起他们的头，惊讶地注视着这些飞行中队慢慢地在上面兜圈子。他们彼此问道：

"看到了吗……"

"看到了，看到了。"

"真是奇怪，怎么听不见螺旋桨的声音呢？"

"可能因为飞得太高了。您看，它们好小啊！"

"就算降低了，您也不会听见螺旋桨的声音的。"

"为什么？"

"因为它们根本就没有螺旋桨。"

"怎么会没有螺旋桨呢！难道说这是一种新型的飞机吗？是什么型的？"

"雕！"

"您在开玩笑吧！列宁格勒怎么会有雕！"

"有的。它们叫作金雕。它们现在正在忙着搬家——向南飞。"

"原来是这样！嗯，现在我也看清楚了，的确是鸟在盘旋。要是您不说，我还以为那是飞机呢。太像飞机了！就算是扇一下翅膀也好呀……"

【语言描写】
通过他们的讨论，作者看出了这种无螺旋的飞机果然是一种大鸟——雕。

快去看野鸭

在涅瓦河上的斯密特中尉桥的附近，还有在彼得罗巴甫洛夫斯克要塞附近和其他地方，这几个星期以来，经常会出现许多奇形怪状、颜色繁多的野鸭。

有和乌鸦一样黑的鸥海番鸭，有弯嘴、翅膀上带白斑的斑脸海番鸭，有尾巴像小棒似的杂色的长尾鸭，有黑白两色相间的鹊鸭。

对于都市的闹声，它们一点儿也不害怕。

【排比描写】
用几个"有"字句，描写了野鸭的种类，它们外形和颜色都不大一样，形象各异。

甚至在黑色的蒸汽拖轮迎风破浪，把它的铁制船头向它们一直冲去时，它们也不感到害怕。它们只会往水里一钻，然后又在离原处几十米远的地方，钻出水面。

这些潜水的野鸭，都是海上飞行线上的旅客。它们每年到我们列宁格勒来做客两次——春天的时候一次，秋天的时候一次。

当拉多牙湖中的冰块流到涅河里时，它们就飞走了。

延伸思考

讲述了这种野鸭的生活规律，它们每年两次迁徙，春秋各一次，其他季节飞到别处去。

鳗鱼的最后一次旅行

秋天来到了大地。秋天也同样来到了水底。

水变得凉起来了。

老鳗鱼动身开始它的最后一次旅行。

这些老鳗鱼从涅瓦河动身，经过芬兰湾、波罗的海和北海，游到水很深的大西洋里面去。

它们已经在河里生活了一辈子，可是没有一条会再回到河里来。它们将会在几千米深的海洋里面，找到自己的坟墓。

但是，它们要产完卵才能死呢。海洋的深处并不是像我们所想象的那么冷：那里的水温大概有7℃。不久以后，鱼子在那儿都将会变成小鳗鱼。小鳗鱼就如同玻璃一样透明。几十亿条小鳗鱼开始了它们的长途旅行，3年以后，它们将游进涅瓦河口。

它们将会在涅瓦河里成长，长成一条条大鳗鱼。

延伸思考

讲述了老鳗鱼的迁徙路线和它们迁徙的目的地，要经过很长的路程，它们费尽千辛万苦，才能游到大西洋里去。

名|家|点|评

　　本篇讲述了城里的一些动物的过冬方法，动物园里没有迁徙，没有冬眠；雕是一种比较庞大的鸟；野鸭也会迁徙；老鳗鱼洄游到大西洋产卵生子。

拓展训练

1. 动物园里的动物怎样过冬？

2. 野鸭们是怎样迁徙的？

3. 老鳗鱼游到哪里产卵？

打猎

名家导读

秋天是打猎的好时机，各种动物都在外边活动，两个好朋友也想猎到獾和狐狸，可惜它们的住处太隐蔽，两个人用火攻也没成功，只好带一条小猎狗去战斗，小猎狗真是勇敢，它竟然战胜了一只老獾。

秋猎

秋日的一个空气清新的早晨，猎人扛着枪来到了郊外。他用短皮带牵着两只猎狗。这两只猎狗胸脯很宽，长得壮壮实实的，黑色的毛里夹杂着棕黄色的斑点。

他走到小树林边，解开猎狗的皮带，把它们"丢"进小树林里。两只猎狗立刻窜进了灌木丛。

猎人悄悄地顺着树林边走，选择可以迈下步子的小路——这小路也是野兽走惯了的。他站到灌木丛对面的一个树墩后，那儿有一条隐蔽的羊肠小道，从林中一直通往下面的小山谷。

猎人还没有站稳，猎狗已经有了动静。老猎狗多弗瓦伊第一个叫起来，叫声低沉而嘶哑。年轻的扎里瓦伊紧跟着也汪汪地叫起来。

延伸思考

【动作描写】猎狗的反应，一定是发现了猎物，它们吠着，在给主人报信，告诉他，它们发现猎物了。

猎人一听就明白了：猎狗发现了兔子的踪迹，把它给撵出来了。秋天的地面被雨水弄得泥泞不堪，现在这两只猎狗正沿着黑糊糊的泥路，用鼻子嗅着兔子的踪迹，向前追赶。

猎狗一会儿离猎人近，一会儿离猎人远——因为兔子一直来来回回兜圈子。

哎呀！真是太马虎了，那不就是兔子嘛！它棕色的皮毛不正在山谷里一闪一闪吗？

猎人没来得及开枪，他错失了良机……

瞧那两只猎狗！多弗瓦伊跑在前面，扎里瓦伊吐着舌头跟在后面。它们紧追着兔子，在山谷里跑过。

唉，没关系，还会拐进树林里来的。多弗瓦伊的韧性十足，只要一发现兽迹，就不会放过，也不会错过。它是条老练的猎狗。又跑过去了，又跑过去了，兔子兜着圈子，又跑到树林里去了。

猎人心想：兔子反正还会跑到这条小路上来的，下回我可不会再把机会错过了。

安静了一会儿……接着……咦！怎么回事呀？

两只猎狗为什么一只在东边叫，一只在西边叫。

这会儿，多弗瓦伊不叫了，只剩下扎里瓦伊独自在叫。

又静下来了……

再次传来多弗瓦伊的叫声，不过这一回声音更激烈、更嘶哑。扎里瓦伊喘着粗气，尖声刺耳地跟着叫起来。

它们又发现了另外一只野兽的踪迹！

肯定不是兔子！是哪种野兽呢？

猎人急忙给猎枪换上子弹，这次装进了最大号的霰弹。

延伸思考
【动作描写】忠诚的猎狗跟随着猎物左拐右闪，它要把这只兔子撵出来，撵到猎人跟前。

延伸思考
【声音描写】两只猎狗的叫声非常异常，一定有什么大事发生了，猎人感到很意外。

一只小兔子从小路上跑过，窜到草丛里去了。猎人看见了，但没有开枪。

猎狗越追越近，叫声夹杂成一片，一只是嘶哑的闷叫，一只是愤怒的尖叫。突然间，一个火红色脊背、白胸脯的小东西，窜到了小路上，径直朝猎人冲了过来。

是一只狐狸！

猎人举起了枪。

狐狸发觉了，它把蓬松的尾巴往左一甩，又往右一甩，企图夺路而逃。

晚了！

砰！

狐狸被抛到半空中，然后四脚朝天地摔到了地上。

猎狗从树林里窜出来，扑向狐狸，用牙咬住狐狸火红色的皮毛。哎呀，都要被咬碎了！猎人赶紧跑过去，从猎狗嘴里夺下了好不容易打来的猎物。

延伸思考
【动作描写】猎人的枪法很准，他一枪就打中了狐狸，狐狸四脚朝天地丢了性命，真是悲哀呀！

地下交通网

在离集体农庄不远的森林里，有个很出名的獾洞。这是个很久以来就存在的洞，虽然是个洞，实际上是一座被无数只獾纵横挖掘通了的山冈。对于獾来说，这是一个完整的地下交通网。

我和塞索伊奇来到了这个山冈。我仔细观察了一番，发现一共有63个洞口。在山冈下的灌木丛里，还有一些不易察觉的隐蔽洞口。

延伸思考
介绍山洞成了獾的府邸，它有着四通八达的路，成了一个完整的地下交通网，便于獾们活动。

一眼就可以看出，住在这宽敞的地下隐蔽所里的，不仅仅只有獾。在几个洞口处，有成堆的甲虫在蠕动着，有埋葬虫、推粪虫和食尸虫。还有的地方丢着许多山鸡骨头、松鸡骨头，还有长长的兔子的脊椎骨——很多甲虫和蚂蚁在骨头上忙碌着。这里住的肯定不是獾了——它才不屑干这种勾当呢！它不捉鸡和兔子吃，而且它还非常爱清洁，从来都不把吃剩的食物或脏东西乱丢。

延伸思考
解释说明：说明了獾的特性，它爱整洁干净，不会把吃剩的东西乱扔。也说明这儿除了獾还有其他动物。

正是兔子、野禽和鸡的骨头向我们证明：这里住着一个狐狸家庭，它们跟獾是邻居，也住在这座山冈的地下。

火攻失败了

延伸思考
【语言描写】人们用尽各种办法想找出狐狸和獾，可是狐狸和獾都是狡猾的动物，它们在地下交通网隐蔽得很好。

塞索伊奇看着山冈上的洞口说："很多猎人都花费心思，想把狐狸和獾从这些洞里挖出来，可是呢，挖了半天，却怎么也挖不出来，都是白忙活一阵！不知道那些狐狸和獾都溜到哪里去了。"

他想了一会儿，补充说："现在我们不防试试看，用烟把里面的家伙熏出来！"

这的确是一个好办法。第二天早晨，我和塞索伊奇，还有一个小伙子，三个人一起向山冈走去。一路上，塞索伊奇老是开那个小伙子的玩笑，一会儿叫他锅炉工人，一会儿叫他伙夫。

到了山冈上，我们忙活了好一阵子，才把那个地下交通网所有的洞口都堵上，只留下山冈下面和上面的两个没堵。我们又搬来一大堆枯树枝，都是些松树枝和云杉枝，放在下面的那个洞口。"锅炉工人"在洞口点起火，不大一会儿，火堆燃烧起来，冒出了刺鼻的浓烟。我们把树枝往洞口推了推，浓烟就好像被套上了一个口袋，都钻到洞里去了。

特别的猎狗

这次失败使塞索伊奇很不高兴。为了安慰他，我给他讲了一些特别的猎狗的事儿。有两种猎狗，一种叫腊肠犬，一种叫狐獢。腊肠犬是一种身长腿短、叫声很响的德国猎狗；狐獢，顾名思义，就是特别会捉狐狸。这两种狗都很凶猛，会钻到兽洞里捉小兽。

塞索伊奇对我讲的这两种猎狗产生了浓厚的兴趣，要求我无论如何也给他弄一只。

本来只是随便说说，没想到他这么感兴趣，我只好答应尽力给他想办法。

不久，我到列宁格勒去，运气真是不错，一位猎人朋友把他心爱的腊肠犬借给了我！但当我回到村子，把小狗交给塞索伊奇的时候，他不但没有高兴，还对我发起脾气来："怎么？你是想取笑我吗？这分明是只小老鼠嘛！还说它能捉狐狸？我看就是只小狐狸，恐怕也能把它给咬死吃掉！"

我心里暗自好笑：塞索伊奇是个小个子，他对自己的个头儿很不满意，别的小个子——甚至是狗，他也不放在眼里。腊肠犬的外表的确不起眼：又矮又小，身子长长

【动作语言描写】塞索伊奇对腊肠狗改变了看法，虽然他没说什么，但他的语言和神态告诉我们。

的，四条歪歪扭扭的小短腿儿。

不过，当塞索伊奇大大咧咧地向它伸出手，想去抚弄它的时候，这只粗野的小狗竟然龇着尖利的犬牙，边朝着我们的小个子猎人恶狠狠地咆哮，边猛扑过去。塞索伊奇赶紧闪到一边："好家伙！这么凶！"然后就一声不吭了。

人类根据自己的需要，培育出了一些奇形怪状的、特殊的犬种。大概其中顶奇怪的一种，就是这种小个子的腊肠犬了。它的身子又细又瘦，很像貂；弯曲尖利的脚爪很会挖土；窄长的狗嘴一旦咬住猎物，就会死命不放——没有比它更适合钻进洞里捉小兽的了。

地下追捕

我们俩牵着小狗，又来到了山冈。刚一接近山冈，小腊肠就跳着、叫着向兽洞直冲过去，差一点儿把我的胳膊给拽脱臼了。我赶紧把套在它脖子上的皮带绳解下来，它便箭一般钻进黑咕隆咚的洞里不见了。

我站在兽洞旁边焦急地等待着，在黑暗的地下洞穴里，可无法预知这场猎犬与野兽之间恶斗的结局。万一小狗不能从兽洞里活着出来，我可怎么向它的主人交代啊？想到这里，我不免忐忑起来。

地下的战斗正酣，虽然看不见，但隔着一层厚厚的土，我们还是听到了急促的狗叫声——只是这叫声好像不是从我们脚底下传来的，而是来自遥远的地方。一会儿，叫声越来越近，越来越清晰，更近了，更近了……可是，

【心理描写】描写了"我"忐忑不安的心情，说明我对小狗有点儿不太信任，它那么小。

忽然间，又模糊了，变远了。

我和塞索伊奇站在山冈上，握着用不上的猎枪，紧张得手掌都握痛了。叫声一会儿从这个洞口传来，一会儿又从那个洞口传来，突然，叫声消失了！

我明白这意味着在黑暗的地洞里，小狗已经追上了野兽，它们厮杀在一起了！

这时候我才忽然想到，早应该带一把铁锹。通常猎人以这样的方式打猎，总是带上铁锹。这样，等猎狗与野兽在地下一交手，就可以挖开上面的土，以便在猎狗出现意外的时候帮助它。如果肉搏战是在距离地面大约一米深的地方进行，就可以这样做。可是，这个洞深得连用烟都没法把野兽熏出来，恐怕即使我带了铁锹，也帮不上小狗什么忙。

我该怎么办呀？也许在黑漆漆的深洞里，腊肠犬正遭受到好几只野兽的夹击呢！它一定会死在深洞里的！

忽然，地下又传出了沉闷的狗叫声！可我还没有来得及高兴，它又不叫了。

完了！完了！一切都结束了！山冈回归宁静。

我难过极了，默默地站着。塞索伊奇先开口了："哥们儿，咱俩干了件糊涂事儿！看来小狗是遇到老狐狸或獾了。"他看看我，迟疑一下，又问道："怎么样？走吧！或者……再等会儿？"

我正要转身离开，就在这时，奇迹发生了：洞里面又传来窸窸窣窣的声音！

延伸思考

【声音描写】叫声从这儿又传到那儿，说明小狗在和小兽进行激烈的搏斗，它们在地下通道穿插着。

延伸思考

【心理描写】"我"听不到狗的叫声了，我以为小狗一定是被小兽们打死了，我很悲伤。

我们俩紧盯着洞口：一条尖尖的黑尾巴露了出来，接着是两条弯曲的后腿和细长的身子——沾满了泥土和血迹，是腊肠犬！它显然挪动得很吃力。我高兴地奔过去，抱住它的身子往外拖。一只肥肥的老獾随即露了出来，它一动不动，看样子已经死了。腊肠犬仍死命地咬住它的脖子。

任凭我们怎么摇晃，腊肠犬就是不肯松嘴放下老獾，好像担心这位敌手再活过来似的。

◎本报特约记者

【动作描写】由此可以看出小腊肠狗的忠诚和顽强，它不畏险阻，这种精神值得我们人类学习。

名｜家｜点｜评

打猎可不是件容易的事，你看猎人用尽各种办法，才获得的几只猎物。一群獾和狐狸隐藏在地下，作者他们想要打到它们，他们带着一只小猎狗去猎捕那些动物，小猎狗果然不负众望，捉住了一只老獾。

拓展训练

1. 猎人都用什么打猎？

2. 獾们住在什么地方？

3. 小腊肠犬逮到了老獾吗？

打靶场

第八期比赛

1. 兔子上山跑起来方便，还是下山跑起来方便？

2. 落叶也能够成为我们鸟儿的秘密，那是什么秘密呢？

3. 把蘑菇晾晒到树枝上的，是哪一种林中居民？

4. 有一种野兽，夏天生活在水里，但是却在地上过冬。这是什么野兽？

5. 鸟是不是全都需要储备冬天里吃的东西？

6. 蚂蚁都是怎样准备过冬的？

7. 鸟的骨头里面都有什么东西？

8. 在秋天出去打猎的时候，猎人们最好穿什么颜色的衣裳？

9. 鸟是在夏天受伤更重一些，还是在秋天更重一些？

10. 图画中可怕的脑袋，是属于谁的？

11. 蜘蛛可以称作昆虫吗？

12. 青蛙在冬天都躲藏到哪里去了？

13. 下图中画出了三种鸟的脚，哪一种是属于生活在树上的鸟的？哪一种是属于生活在地上的？哪一种是属于住在水上的？

14. 有一种野兽的脚掌是往外的，这是什么野兽？

15. 这是森林中猫头鹰那可怕的头，请使用铅笔，在图上指出它的耳朵。

16. 轻飘飘往水里掉，自己不沉，水也不浑。（谜语）

17. 走着，走着，就不能走了；捞呀，捞呀，也捞不完。（谜语）

18. 一岁的草，但就是比院墙高。（谜语）

19. 跑呀跑呀跑不到，飞呀飞呀也飞不到。（谜语）

20. 乌鸦三岁后会怎样？（谜语）

21. 在池塘里洗澡，可身上还是土的。（谜语，打两种动物）

22. 人们穿它的"身体"，扔掉它的"骨头"，吃掉它的"头"。（谜语，打一种植物）

23. 不是国王，头上却戴着冠子；不是骑士，脚上却有踢马刺；每天清晨早早起床，不让其他人睡懒觉。（谜语，打一种动物）

24. 长着尾巴，但不是野兽，长着羽毛，但不属于鸟儿。（谜语，打一种动物）

"火眼金睛" 第7次测试

是谁干的？

（甲）是谁在这里碰过云杉球果，还把它们扔在了地上？

（乙）是谁坐在树墩上，把球果吃完了，只剩下个芯儿？

（丙）是谁在榛子上凿了个小洞，把这颗森林里采回来的榛子仁儿吃完了？

（丁）是谁把蘑菇拖到树上，还挂在了树枝上？

在老白桦树上，可以看见一些外形尺寸一样的小洞，分布呈一圈。这是谁干的？它为什么要这样干？

是谁动过牛蒡？

是谁在这儿搞过破坏——破坏了这么多的树木，啃去了这么多的树皮，咬断了这么多的树枝？

谁都可以

要想把被偷走的粮食找回来，就要学会寻找和挖掘田鼠洞。

在这一期《森林报》当中，我们也已经讲过了，这些坏家伙，偷走了我们很多粮食，它们把粮食从我们的田地里直接搬到它们的储藏室里去，真是太可恶了。

请勿打扰

我们为自己准备好了冬天的住所，这里面可暖和了，可以一觉睡到明年春天。

我们不打扰你们，请你们也让我们安心休息吧！

——熊、獾、蝙蝠

NO.3

森林报·秋

第9期 冬客临门月

11月21日到12月20日 太阳进入射手宫

一年：12个月的太阳诗篇——11月

名家导读

秋天即将过去，一转眼已经到了深秋，十一月是一个过渡月，一半是秋一半是冬，在此月，乍暖还寒，只要有阳光就会有温暖。

延伸思考

总述句：总述了十一月这月的特点，一半秋来一半冬，十一月乍寒还暖，无论是动物还是人类都在此时歇息了。

11月——一半秋来一半冬。11月是9月的孙子，是10月的儿子，是12月的亲哥哥。11月在大地上插满钉子；12月在大地上铺上桥。11月骑着有斑纹的马出巡：地上一条烂泥、一条雪，一条雪、一条烂泥。11月这铁工厂虽然不大，但铸造的枷锁却是足够全苏联用的：池塘与湖沼已经

冻冰了。

秋天开始做的三件事：脱下森林未脱尽的那点衣服，然后给水戴上枷锁，最后又用雪被把大地给盖起来。森林里看着很不舒服：树木黑沉沉、光秃秃的，被雨水打得从头湿到脚。河上的冰亮闪闪的。但是如果你走过去踩它一脚的话，它就会咔嚓一响，裂开来，叫你掉进冰冷的水里面。所有的翻耕田，盖上了雪被后，都已经停止生长了。

可是，现在还不是冬天，还只是冬天的前奏曲。几个阴天以后，又将会出一天太阳。一切的生物见到太阳的时候，有多么高兴呀！看吧，这里从树根下面钻出了一批黑色的蚊虫，飞上了天空；树根下还开出了一朵朵金黄色的蒲公英、款冬花——还都是些春天的花儿呢！雪融化了……但是树木已经沉睡了，要毫无知觉地一觉睡到明年春天。

现在，伐木的季节到了。

名|家|点|评

十一月乍寒还暖，但此时森林已变得萧条，湖水结冰，但一切生物在太阳出来后，又都会出现生机。

拓展训练

1. 十一月是一个什么特殊月份？

2. 此时的森林怎样？

3. 湖水怎样？

延伸思考

【拟人写法】这句话更生动形象，让读者更能了解秋的作用，它让森林光秃秃、它让水结上冰、它让雪覆盖大地。

森林中的大事

名家导读

深秋的森林里会发生什么样的故事呢？狡猾的小灰兔、笨笨的熊、吃食的啄木鸟等，很多故事等待我们去发现。

莫名其妙的现象

今天，我掘开了雪，检查了一些我的一年生植物。这是一种只能活过一个春天、夏天、秋天和冬天的草。

可是，我发现在今年秋天，它们并没都死掉。现在都已经是11月了，它们还有许多仍是绿色的呢！雀稗还是活的。这是乡村里生长在房前的一种草。它的小茎错综交织地铺在地上（人们常常毫不留情地用它来擦脚），小叶子长长的，粉红色的小花不太引人注目。

矮矮的、灼人的荨麻也是活的。夏天的时候，人们非常讨厌它。当你给田埂除草时，两只手会被它戳出水泡来。可是现在，在11月的时候，你看见它会觉得挺愉快。

活的还有蓝堇。你记得蓝堇吗？这是一种美丽的小植物，生有微微分开的小叶子和细长的粉红色小花，小花的尖儿是深颜色的。你常常会在菜园里见着它。

延伸思考

【状物描写】描写了荨麻的外形及其生命力，它虽然令人讨厌，但它的生命力却很旺盛，这是令人值得敬仰的地方。

这些一年生的草，都还活着。不过，我知道，到了明年春天的时候，它们就会都没有了。那么它们何必现在在雪下生活呢？这种现象怎样解释呢？我是不清楚的，还得去打听才知道。

◎尼·巴甫洛娃

森林里从来也不是死气沉沉的

冰冷的寒风在森林里横行霸道。光秃秃的白桦树、白杨树和赤杨树摇摇晃晃，沙沙作响。最后一批候鸟正在匆忙地离开故乡。

我们这儿的夏鸟还没完全飞走，冬客就已经来临了。

鸟儿有它们各自的口味和习惯：有的飞到高加索、外高加索、意大利、埃及和印度去过冬；有的鸟儿宁愿就在我们列宁格勒省区内过冬。在我们这儿，冬天，它们很暖和，吃得饱饱的。

边析边考

【拟人描写】寒风的横行霸道，说明了冬天来临，气候寒冷，连风都变得无情了，这让森林变得也寒冷了。

飞花

沼泽赤杨的黑枝，伸在那儿，显得非常凄凉！树枝上已经没有一片树叶，地上也没有青草。懒洋洋的太阳现在难得从灰色的乌云后露出脸来。

可是，忽然有许多快活的五光十色的花儿，在阳光照耀下的黑色赤杨沼泽地上，飞舞起来了。花儿大得出奇——有白的，有红的，有绿的，有金黄的。有的落在了

边析边考

冬天的太阳也变得懒洋洋的了，因为白天短了，夜晚长了，太阳斜射得厉害，即使出来了也是没有威力的。

赤杨树枝上；有的粘在了桦树的白色树皮上，就像是炫目的斑点似的闪烁着彩色的光；有的掉在了地上；有的在空中颤抖着鲜艳的翅膀。

它们用一种芦笛似的声音互相呼应着，从地面飞上树枝，从一棵树飞向另一棵树，从一片小树林飞进另一片小树林。它们是什么？是打哪儿来的？

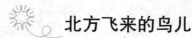

北方飞来的鸟儿

这是我们的冬客，是从遥远的北方飞来的小鸣禽。这里有红胸脯红脑袋的朱顶雀；有烟灰色的太平鸟，翅膀上有 5 道红羽毛，像 5 个手指头一样，头上有一撮冠毛；有深红色的松雀；有绿色的雌交嘴鸟和红色的雄交嘴鸟。这里还有金绿色的黄雀，黄羽毛的小金翅雀，胖胖的、胸脯鲜红美丽的灰雀。我们本地的黄雀、金翅鸟和灰雀，都飞到较暖的南方去了。上面说的这些鸟，都是些在北方做窠的鸟。北方现在冷极了，所以它们还觉得我们这儿挺暖和呢！

黄雀和朱顶雀吃赤杨子和白桦子；太平鸟和灰雀吃山梨和其他的浆果；交嘴鸟吃松子和云杉子。它们都吃得饱饱的。

延伸思考
朱顶雀、太平鸟、松雀、交嘴鸟等一些在北方居住的鸟，现在都回来了，这里比起北方来要暖和得多。

东方飞来的鸟儿

在矮小的柳树上面，忽然开出了华丽的"白玫瑰"

花。这些白玫瑰在灌木丛间飞来飞去，在树枝上转来转去，用那有黑钩的细长脚爪，东抓抓，西扒扒。花瓣似的小白翅膀，在空中忽闪着。空中荡漾着轻盈而又和谐的啼啭声。

延伸思考

这些玫瑰花原来是一些小鸟，那么漂亮好看，它们给这些光秃秃的森林增添了无限生机。

这是山雀，白山雀

它们不是从北方飞来的，而是从东方，从那风雪咆哮的严寒的西伯利亚，越过山峦重叠的乌拉尔区，飞到我们这里来的。那儿早就已经是冬天了，深雪早已把矮小的赤杨树埋起来了。

该睡觉了

大片的乌云把太阳给遮住了，空中落着湿漉漉的灰色雪花。

一只肥胖的獾子，气呼呼地哼唧着，一跛一拐地向着自己的洞口走去。它的心里非常不痛快：森林里面又泥泞，又潮湿。它觉得该钻到地下——钻到干燥、整洁的沙土洞里面去，躺下来睡懒觉了。

延伸思考

描写了獾子不愉快的原因，因为森林里太泥泞潮湿了，走到哪里都非常不爽，所以它很不高兴。

羽毛蓬松的林中小乌鸦——噪鸦——在丛林里面打起架来了。湿淋淋的羽毛，闪烁着咖啡渣的颜色。它们放开喉咙大叫着。

一只老乌鸦从树顶哇地大叫一声。原来它看见远处有一具野兽的尸体。它鼓起漆亮的蓝黑色翅膀，飞了过去。

延伸思考

【动作描写】描写了乌鸦看到野兽尸体时的迫切心情，它找到了自己的食物，所以很迫切地飞过去。

林中现在是一片静寂。灰色的雪花沉甸甸地落在发黑的树木和褐色的土地上面。地上的落叶正在逐渐腐烂。

雪下得越来越大。现在成了鹅毛大雪了，大雪把黑色的树枝掩盖了起来，把大地也掩盖起来了……

我们列宁格勒省的河流——伏尔霍夫河、斯维尔河和涅瓦河——受到严寒的侵袭后，先后都封了冻。最后，连芬兰湾也冻冰了。

最后的飞行

在11月的最后几天，已经吹集了成堆的雪，天气突然变得暖和了。可是，雪还没有融化。

早晨的时候，我到外面去散步，看见雪上（不论是在灌木丛里或是在树木间的大路上）到处都飞舞着黑色的小蚊虫。它们有气无力地飞舞着，从下面的什么地方升起来，好像被风刮着似的（虽然一点儿风也没有），飞了一个半圆圈，然后又侧着身子落在了雪上。

午后，雪开始融化了，树上的雪掉了下来。你一抬头，融雪水就会滴在你的眼睛里面，或者一团又湿又凉的雪尘，洒在你的脸上面。这时，不知打哪里出来许许多多的小蝇子，也是黑色的。夏天我从来没看见过这种小蝇子。小蝇子兴高采烈地飞着，只是飞得很低，紧挨着雪地飞。到了傍晚，天气又转凉了一些，那个时候小蝇子就不知藏到什么地方去了。

◎森林通讯员 维利卡

延伸思考

虽然下了雪，可是毕竟不是深冬，此时的温度还能令一些小昆虫生存，乍寒还暖。

延伸思考

午后，温度升高，雪开始融化了，树上的雪水像下雨一样落下来，看似寒冷，其实温暖还在。

貂追松鼠

有许多松鼠游跑我们这里的森林里来了。在它们居住的北方，球果不够吃了。那儿是个荒年。

松鼠分散地坐在松树上。它们用它们的后爪抓住树枝，用前爪捧住球果在啃。

一只球果，从松鼠的脚爪里滑落到了雪上。松鼠舍不得丢弃它，气冲冲地叫着，它从一根树枝跳到另一根树枝上，蹦到下面去了。

它在地上蹦着蹿着，蹦着蹿着，后腿一撑，前脚一托，一直往前跳。

它一看，从一个枯枝堆里面，露出了一团黑糊糊的毛皮和两只锐利的小眼睛……松鼠把球果都忘了。它往跟前一棵树上一蹿，便顺着树干往上爬。从枯枝里面跳出一只貂，跟在后面追上来了。貂也飞快地顺着树干往上爬。松鼠已经到了树枝的梢上了。

貂顺着树枝爬了上去。松鼠一跳，就跳到了另外一棵树上面去了。

貂把它那蛇一般的窄细的身子缩成一团，背脊弯成弧形，也纵身一跳。

松鼠沿着树干飞跑。貂跟在它后面，也沿着树干飞跑。松鼠的身子非常灵活，可是貂的身子更灵活。

松鼠跑到了树顶，没法再往上跑了，附近也没有别的树。

貂就快要追上它了……

延伸思考
【动作描写】十分形象地描写了松鼠吃食的样子，它们吃得津津有味，因为在这里有充足的食物。

延伸思考
【动作描写】用比喻形象地描写了貂动作的灵活、柔软，它和松鼠一争高低，好像追不到松鼠决不罢休。

松鼠从一根树枝跳上了另一根树枝，然后向下一蹦。貂紧追着不放。

松鼠在树枝的梢头上跳，貂在粗一些的树干上追。松鼠跳呀跳，跳呀跳，到了最后一根树枝上了。

下面是地，上面是貂。

已经没有考虑的余地了：它一跳跳到地上，就往另一棵树上跑。

唉，在地上，松鼠可斗不过貂。貂这个时候三步两跳就将松鼠追上了，把松鼠扑倒了。于是松鼠就完蛋了……

延伸思考

一连串的动作，描写了貂的迅速灵活，松鼠失败了，在地上松鼠不是貂的对手，强中自有强中手。

兔子的诡计

在半夜的时候，一只灰兔偷偷钻进了果木园。小苹果树的皮真甜，快到早晨时，它已经啃坏了两棵小苹果树。雪落在了灰兔头上，它也不理会，只是一个劲儿地嚼着啃着，啃着嚼着。

树林里面的公鸡已经叫了三遍，狗也汪汪地叫起来了。

延伸思考

天亮了，公鸡报时了，小狗也醒了，人们马上就要起床了，此时的一切都还在沉睡中。

这个时候，兔子才清醒过来，想到应该趁人们还没起床，跑回森林里去。周围一片雪白，它那棕红色的毛皮，隔得老远就可以看见。它真羡慕白兔，现在白兔浑身是雪白雪白的呀！

这夜下的初雪是暖和的，能够印得上脚印。灰兔跑着，一路在雪上留下脚印。长长的后腿留下的是脚跟伸直的脚印；短短的前腿留下的是小圆圈。在这层温暖的初雪上面，每一个脚印、每一个爪痕，都能够看得清清楚楚。

灰兔跑过田野，穿过森林，在它自己的身后留下了一连串脚印。灰兔刚刚饱餐了一顿，现在要是能在灌木丛中打个盹儿该多好。但糟糕的是：不管它藏到哪里，脚印都还是会把它暴露出来。

于是灰兔只好使计策了：把自己的脚印给弄得乱七八糟。

这个时候，村里的人已经醒了。园主人走到果木园里一看——嗬！我的老天爷！两棵顶好的小苹果树都已经被啃掉了皮！他往雪地上一瞧，就恍然大悟了：原来小树下有兔子的脚印。他举起拳头吓唬着说："你等着瞧吧！你可得用你的皮来偿还我的损失。"

他回到屋里面，往枪里装上弹药，带了枪踏着雪走出去了。

瞧，灰兔就是在这里跳过篱笆的，跳过篱笆后就往田野里跑去了。一进森林，脚印就围着灌木转了。园主人想：你这诡计可骗不过我！我搞得清楚的！

喏，这是头一个圈套——灰兔绕灌木跑了一圈，然后横穿过自己的脚印。

喏，这是第二个圈套。

园主人跟着脚印追踪，把两个圈套都给绕开了。枪端好在手里面，随时准备好放枪。

他站住了。这是怎么回事呀？脚印中断了——周围全是平坦的雪地，就是兔子蹿了过去，也是应该看得出的呀！

园主人弯下他的身去仔细看脚印。哈哈！原来这是一个新的诡计：兔子顺着自己的脚印回去了。它每一步都准

【延伸思考】

【动作语言描写】园主人发现了兔子的痕迹，他知道是谁咬了他树上的苹果，所以他要报复兔子。

延伸思考

"双重脚印"说明了小兔子的狡猾，它害怕园主人发现它，就在原来的脚印上又踩了一遍，可这也被园主人发现了。

确地踏在它自己原来的脚印上。粗瞧乍看，可不容易分辨出那"双重"的脚印。

园主人便顺着脚印往回走。他走着，走着，又走回到田野里来了。这么说，他是看错了。这么说，还是有一个诡计他没有看破。

延伸思考

【动作描写】描写了小兔子的狡猾，它颇有心计，它用脚印来迷惑园主人，它连走带跳，想保全自己。

他转过身，又顺着"双重"的脚印子走去。哈哈，原来如此！原来"双重"的脚印很快就中断了，再往前，脚印又变成了单层的了。嗯，这么看来，兔子就是在这里跳到一边去的。

真是如此：兔子顺着脚印的方向，一直蹿过了灌木，然后向一旁跳了过去。现在脚印又变得均匀了。突然又中断了。又是一行新的"双重脚印"越过灌木丛。再往前，就是跳着走了。

现在可得非常细心地看……又往旁边跳了一次。这次，兔子准是在一个灌木丛下躺下了。你想骗人可是骗不过的呀！

真的，兔子就躺在附近。不过，不是猎人所想象的那样躺在灌木下，而是躺在一大堆枯枝下。

灰兔在睡梦中听见沙沙的脚步声。声音越来越近了，越来越近了……

它抬头一看，有两只穿毡靴的脚在走路。黑色的枪杆碰着了地。

延伸思考

【动作描写】描写了灰兔的动作非常迅速，快得像箭一样，小兔子又一次逃离了园主人的枪口。

灰兔悄悄地从它隐蔽的地方钻了出来，一支箭似的蹿到枯枝堆后面去了。只见短短的小白尾巴，在灌木丛里一闪，兔子就没有影儿啦！

园主人只好两手空空地回家去了。

不速之客——隐身鸟

延伸思考
描写了这种鸟的特点，它的羽毛采用了保护色，它和雪的颜色一样，白天无法分辨它在哪儿，晚上更是看不到它。

我们这里的森林里，又来了一个新的夜强盗。想要看见它，可不是件容易的事，因为夜里的时候太黑，看不见，白天又不能把它和雪区别开来。它是北极地带的居民，因此身上的服装，是和北方常年不化的白雪一个颜色。我说的是北极的雪鸮。

雪鸮的个儿，和猫头鹰差不多，只是力气比它稍差一些。它吃大大小小的飞鸟、老鼠、松鼠和兔子。

在它的故乡苔原，天冷得要命，小野兽差不多全躲到洞里面去了，鸟儿也全都飞走了。

饥饿把雪鸮逼得出外来旅行，到我们这里做客来了。它打算过了春天再回家。

啄木鸟的打铁场

延伸思考
【动作描写】描写了啄木鸟采食球果的过程，它很巧妙地把球果放在树缝里，然后开始啄食，就这样一个接一个地吃下去。

在我们的菜园后面，有许多的老白杨树和老白桦树，还有一棵很老很老的云杉。云杉上挂着几个球果。有一只五彩的啄木鸟，飞来吃这些球果。啄木鸟落在了树枝上，用它的长嘴啄下一个球果，顺着树干向上跳去。它把球果塞在一条树缝里，开始用嘴啄它。它把球果里面的子儿吸出来以后，就把球果往下一丢，又去采另一个球果。它把第二个球果还是塞在那条树缝里面；采了第三个球果，还是塞在那个树缝里面，像这样一直忙到天黑。

◎森林通讯员 勒·库波列尔

去问问熊

为了能够躲避寒风，熊喜欢把它自己的冬季住宅——熊穴——安置在低地，甚至安置在沼泽地上，安置在茂密的小云杉林里面。不过，有一件奇怪的事情，那就是：如果这年冬天天气不冷，常有融雪天，那所有的熊就一定会冬眠在高地方——小丘上，小山冈上。这件事，是经过许多代猎人查对过的。

道理很明白：熊害怕融雪天。也的确是不能不怕，如果冬天有一股融雪水流到它的肚皮底下去，然后天气又忽然一冷，雪水冻了冰，会把熊那毛蓬蓬的皮外套冻为铁板，那个时候可怎么办呢？那个时候可顾不得睡觉了，只好跳起身来满森林里乱晃荡，活动活动血脉来取暖了！

要是不睡觉，而是不停地活动，就会把身上贮藏的热量给消耗尽，就不得不吃东西来增加气力。但是冬天的时候，熊在森林里是找不到吃的东西的。因此，如果它预见到这年冬天暖和，它就会给自己挑个高一些的地方做窝。免得在融雪天里，被融雪水浸湿。这个道理我们是容易明白的。

可是，它究竟是依靠什么样的天气预兆，知道这年的冬天是暖和还是冷呢？为什么早在秋天的时候，它就已经能够十分正确地为自己在沼泽地上或是丘冈上，选择一个

延伸思考
熊是冬眠动物，它要找一个安全的地方居住，不能妨碍它睡一冬，否则，它会消耗能量的。

延伸思考
说明了熊为什么找高的地方做窝的原因，是为了安全过冬，以免在冬眠时被打扰。

好的地方做窝呢？这我们还不知道。

请你钻到熊洞里去问问熊吧！

按照严格的计划

古代的时候，俄罗斯有个谚语说："森林是恶魔，在森林里干活儿，离阴曹地府也不远了。"

古代的时候，伐木工人（樵夫）的劳动是非常可怕的。手执斧头的人们，敌视绿色的朋友，就像对待险恶的敌人似的。要知道，不久以前，我们才有了锯子——到18世纪才有。

延伸思考

描述了伐木工人的无情，他们对待绿色朋友毫不留情，他们要把所有的绿色全部消灭掉。

一个人只有拥有无穷无尽的体力，才能够一天到晚地用斧头砍树。要有钢铁般的强壮体魄，才能在天寒地冻、风雪咆哮时，白天只穿一件衬衫干活儿，夜里在没有烟囱的小屋子里面，或者就在一间小草棚里面，盖着外套睡觉。

春天的时候，活儿更不好干了。

一冬伐倒的树木，都必须得运到河边去，等到河水化冻后，把那些沉重的圆木推进水里，请河妈妈把木材运走。大家是知道河水往哪个方向流的。

河水把木材运到哪里，哪里就应该感激它……在河的两岸上建设起来了一座座城市。

延伸思考

被砍伐下来的木头，被运到各地，用来搞建设，所以那里的人们要感激这些伐木工人。

在现代怎么样呢？

"伐木工人"这几个字的意义已经改变了。我们在放倒大树和削去树枝时，已不再需要用斧头了。这些工作都由机器来代替我们做。连森林里的道路，都由机器来开辟、铺平，然后就顺着这条路把木材运走。

在森林里，履带砍伐机的力量就有那么大！

这个沉重的钢铁怪物，听从创造它的人的指挥，闯入无法通行的密林，就像刈草一样，放倒了百年的大树。它轻而易举地就能把老树连根拔出，放在两旁，然后推开躺在地上的树，铲平地面，修好道路。

载在汽车上的流动发电站，在这条道路上跑过去。工人们把电锯拿在手里面，走到树木前。包橡皮的电线就像蛇一样在他们身后蜿蜒着。电锯尖利的钢齿，毫不费力地锯入坚固的木头，就像刀子切黄油一样。只不过半分钟的工夫，电锯就把直径有半米的粗树干给啃透了。这棵巨树已经有 100 岁了吧！

把方圆 100 米以内的树木都锯倒之后，汽车又把发电站载到前面去。一辆强大的运树机开来，占据它原来的地方。运树机一下子抓起了几十棵没有削去树枝的大树，拖到木材运输路上去了。

巨大的运树牵引机，沿着这条路，轻而易举地就把木材拖向窄轨铁路。在窄轨铁路上，有一个人——一个司机——开着长长的一大串敞车，敞车上载着几千立方米的木材，开向铁路车站或河码头的木材场。在木材场，人们把木材加工、整理成圆木、木板和纸浆木料。

在现代，借着机器的帮助采伐的木材，被运送到最遥远的草原上的村庄、城市和工厂里面去，运到一切需要木材的地方去。

人人都知道，在这样强大的技术条件下，只可以按照

【动作描写】描写了履带砍伐机的巨大作用，它砍树就像割草一样，轻而易举，它不费吹灰之力就把大树推到路旁。

现代化的砍伐运输使得森林消失得更快了，这一切真是可怕，森林在转眼间就会消失殆尽。

非常严格的全国性计划来采办木材，不然，我国最富有的森林区，也会一下子变成一片荒漠。靠现代技术来消灭森林，是再容易不过的了。但是森林的成长还是跟以前一样慢——要过几十年后，才成林呢！

我国在砍去森林的地方，立刻造上新林——栽上名贵的树木。

延伸思考

森林树木成长是缓慢的，所以国家要控制森林的砍伐，这样才会有利于植树造林，保护土地。

名｜家｜点｜评

本篇描写了寒冷的森林里发生的故事，有小兔子，有东方飞来的鸟，还有啄木鸟、笨笨的熊，还有伐木工人无休止的砍伐，所以作者建议国家要计划砍伐。

拓展训练

1. 为什么有些鸟会到北方来过冬？

2. 小灰兔是怎样骗得了园主人的？

3. 国家为什么要计划伐木？

集体农庄新闻

　　农庄的新闻也是层出不穷，看看这些小记者搜集到的新闻吧，农庄丰收，还有人们想办法对付各种破坏生产的小动物。

延伸思考

【列数字说明法】用这些数字来说明农庄的丰收，人们付出了，所以也收获了，这就是劳动的报酬。

　　我们集体农庄的庄员们，今年活儿干得真出色！许多集体农庄，一公顷地收获一吨半粮食已经成了寻常事。甚至一公顷收获两吨粮食，也没什么了不起。有些优秀的工作队成绩非常突出，这些先进的工作者们因此获得了"劳动英雄"的光荣称号。

　　政府很感谢这些田间劳动者们的辛勤工作，所以用"劳动英雄"的光荣称号，还有勋章和奖章来表扬庄员们一年来的成就。

　　现在，冬天来了。

　　集体农庄田里的工作基本都结束了。

　　妇女们干些牛栏里的杂活，男人们负责运饲料给牲畜吃。猎人带着猎狗去森林里打灰鼠，还有许多人一起去采伐木材。

　　灰山鹑群越来越靠近农舍了。

　　孩子们结伴去上学。白天，他们布置好捕鸟的网后，就在小山上滑雪或滑小雪橇；晚上则在温暖的灯光下静静地做作业、读书。

我们的心眼儿比它们的多

下了一场大雪，我们发现，老鼠在厚厚的积雪下面挖出了一条地道，直通到我们家苗圃的小树前。可是，我们人类的心眼儿要比老鼠的多：我们在每一棵小树周围使劲把雪踩得结结实实。这样，老鼠就没有办法再钻到小树跟前来了。有些老鼠会钻到雪外面来，那样它们就要倒霉了：严寒很快就会把它冻死。

兔子也是害人精，它们常常到我们的果园里来偷东西。昨天将近半夜的时候，一只大兔子钻进了果园，想啃食小苹果树甜滋滋的嫩皮。

集体农庄的庄员们为了防止小兔子来果园搞破坏，就想出了对付它们的办法：把小树都用稻草和云杉枝包扎起来，这样，它们想下口都找不到地方。

◎记者 吉玛·布罗多夫

延伸思考

小老鼠是不会斗过人类的，人们用他的聪明才智，来战胜一切，所以一只小老鼠更是不在话下。

延伸思考

人们对付兔子的方法，小兔子也挺讨厌，它们经常偷吃人们的果园，所以人们就要对付它们了。

吊在细丝上的房子

有这样一种小房子，它是用树叶做成的，吊在一根细丝上，风轻轻一吹，就摇摇晃晃。这种房子的墙很薄，只有一张纸那么厚，房子里也没有任何取暖设备，在这样的房子里能度过寒冷的冬天吗？

你可能想象不到，有的小生命就可以在这里过冬。其实，在生活中我们也见到过不少这样简陋的房子。它们的墙壁就是用树叶做成的，然后再通过蜘蛛丝一样的细丝吊

在苹果树枝上。但是，集体农庄的庄员们一旦发现这种小房子，就会把它们取下来毁掉。原来，这些小房子的主人都是一些"小坏蛋"——苹果粉蝶的幼虫。如果把它们留下来度过冬天，到了春天，它们就会啃坏苹果树的芽和花。

棕黑色的狐狸

　昨天。位于郊区集体农庄的养兽场，运来了一批棕黑色的狐狸。一大群人都跑去欢迎它们，连刚刚会跑的孩子，都跑去凑热闹了。

　狐狸用怀疑而胆怯的目光，打量着欢迎它们的人。只有一只狐狸不怎么害怕，竟然安安静静地打了个哈欠。

　"妈妈！"一个头戴白头巾、上面还加了一顶无边小帽的小娃娃大声叫道，"可别把这只狐狸当围巾围在脖子上啊，它会咬人的！"

在温室里

　大家正在集体农庄挑选小葱和小芹菜根。

　工作队长的小孙女问道："爷爷，这是给牲口准备的饲料吗？"

　工作队长微笑着对孙女说："不是的，小宝贝，你猜错了。我们要把这些小葱和小芹菜栽种在温室里。"

　"栽在温室里干什么？要让它们长大吗？"

　"不是的，乖孙女儿。这样我们就可以在冬天吃上新

鲜的葱和芹菜了。当我们吃马铃薯的时候，就可以在上面撒些葱花，还可以做美味的芹菜汤喝。"

用不着盖厚被

上周日，九年级的学生米克到曙光集体农庄去玩。他在树莓旁边遇见了工作队长费多谢奇。

"老爷爷，冬天这么冷，您不怕树莓冻死吗？"米克歪着头，用很在行的口气问道。

费多谢奇队长微笑着回答道："亲爱的孩子，它们是冻不死的，它们可以在雪底下平平安安地过冬。"

"在雪底下过冬？老爷爷，您不会骗我吧？"米克瞪大了眼睛，怀疑地说，"这些树莓长得比我还高呀！冬天能下这么厚的雪吗？"

费多谢奇队长又笑着说："我可没有那么指望啊，聪明的孩子！请问，你冬天盖的被子，比你站着的时候厚呢，还是比你的身高薄？"

米克笑着说："这和我的身高有什么关系？我是躺着盖被子的。老爷爷，您明白吗？我不是站着盖被子，而是躺着盖被子的。"

"我的树莓跟你一样，也是躺着盖的呀！"费多谢奇依然笑着说，"不过呢，孩子，你是自己躺下来盖被子，而树莓是被我压弯盖上被子的，我把它们一棵一棵绑在地上，它们就都躺下了。"

米克听了笑着说："老爷爷，您比我想象的还要聪明啊！"

延伸思考
【语言描写】老爷爷回答了米克的问话，他告诉米克树莓会在雪底下过冬，就像盖了一层被子。

延伸思考
【神态语言描写】米克很是怀疑，他认为树莓会立着盖被子，所以提出了一个很天真的问题。

费多谢奇冲他眨眨眼睛。

◎记者 尼·巴甫洛娃

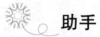

助手

现在，每天都可以在集体农庄的仓库里看到一群孩子。这些孩子们是来帮集体农庄的职工干活的，他们有的在挑选准备春播的种子，有的在菜窖里帮忙挑选优质的马铃薯留种。

男孩子们也会到马厩和铁工厂去帮忙。

还有一些孩子在牛栏、猪圈、养兔场和家禽棚里做后援。

他们在学校读书，同时也愿意帮家里做些农活。

大队委员会主席 尼古拉·李华诺夫

延伸思考

　　农庄丰收了，孩子们也来帮忙了，他们有的准备种子，有的挑选优质的种子，忙得不亦乐乎。

名|家|点|评

　　小记者们每天都要搜集新闻，他们把农庄里的新闻及时报道给各位，农庄里丰收啦，哪些动物破坏生产啦，还有小朋友们帮农庄里干活。

拓展训练

1. 农庄里丰收了吗？

2. 谁咬坏了苹果树？

3. 谁的房子吊在丝上？

城市新闻

树木长了虫子怎么办？园丁们找了一些侦察员，它们是啄木鸟、山雀、旋木雀等捉虫能手，看看它们是怎样工作的吧？

涅瓦河桥下的乌鸦和寒鸦

现在每天下午4点钟，在涅瓦河桥下冰封的河面上，一群华西里耶夫斯基岛区的乌鸦和寒鸦都要聚集在这里开会。

鸟儿们在热闹地争论后，便成群结队地到华西里耶夫斯基岛上的花园里了，在这个它们热爱的地方度过美好的夜晚，期待着明天的聚会。

小侦察员

延伸思考

果木园和坟场里的敌人是一些小而狡猾的动物，它们破坏里面的灌木和乔木，所以要找一批专业队伍来制服它们。

城市里的果木园和坟场里面的灌木和乔木，没人保护是不行的。但是它们的敌人又小又狡猾，而且很难看到，人类对它们束手无策。所以，园丁们不得不找来一批专业的侦察员。

要见识这支特殊的侦察员队伍，你可以到本市的果木园和坟场上来。

队伍的首领是五彩啄木鸟，这种啄木鸟"帽子"上的红帽圈像一根长枪。它迅速地把嘴啄进树皮里，发出有节奏的口令："快克！快克！"声音响亮动人。

紧跟其后的是色彩斑斓各具特色的山雀队伍。只见凤头山雀戴着个尖顶高帽，胖山雀的厚帽子上好像插了根短钉，还有浅黑色的莫斯科山雀。而旋木雀则穿着浅褐色的外套，嘴像锥子一样；"蓝大胆"有着像短剑一样尖利的嘴巴，胸脯白白的，穿着天蓝色制服。

"快克！"啄木鸟发出了口令。"蓝大胆"紧跟着重复一遍命令："特误急！"而山雀们齐声回答："脆克！脆克！脆克！"紧接着整个队伍就行动起来了。

侦察员们迅速分好了工。啄木鸟负责啄树皮，用它那又尖又硬的像针一样的舌头，从树皮里把蛀虫钩出来。"蓝大胆"围着树干转来转去认真巡视着，头朝下，一旦发现哪个树皮缝隙里有昆虫或幼虫，它那柄锋利的"小短剑"就迅速地刺进去。旋木雀在下面的树干上奔忙着，不时地用它那弯弯的小锥子戳着树干。成群结队的青山雀在树枝上兴高采烈地兜圈子，它们观察着每一个小洞和每一条小缝隙，它们尖锐的眼睛和灵巧的小嘴不会放过任何一只小害虫。

陷阱似的小屋

现在，寒冷和饥饿的时间愈来愈长了。那些美妙的小

朋友，也就是鸣禽，它们怎么样了呢？让我们去关心一下它们吧！

如果你的住宅，是有花园或者小院的那种，那么一些鸟就很容易被吸引过来，你可以在它们找不到食物的时候帮帮它们。在酷寒和下大雪的时候，可以提供一些地方给它们做巢。如果你可以吸引这种或那种可爱的小鸟入住你给它们准备好的小屋，你就很有可能当场捉住它们。

但是，不建议你在夏天捕鸟。因为如果鸟被捉走了，那么它的雏鸟就会因饥饿而死去。

延伸思考

小作者是有爱心的，他不提倡人们在夏天抓鸟，因为雏鸟会因为没有爸爸妈妈而死去。

名|家|点|评 • • • • • • • • • • • • • • • • • • •

本篇描述了城市里的涅瓦河下的乌鸦和寒鸦，还描述了果园里的侦查员，还有漂亮的小屋会引来可爱的鸟。

1. 涅瓦河下面有哪些鸟？

2. 特殊的侦查员是谁？

3. 为什么不要在夏天捉鸟？

打猎

在森林里，最有趣的事是什么？就是打猎。下面咱们跟随作者来享受打猎的乐趣吧！

秋天，打小毛皮兽的季节到了。快到11月时，这些小毛皮兽的毛已经长齐——脱掉了薄薄的夏服，换上了蓬蓬松松的、暖和的冬大衣。

猎灰鼠

一只灰鼠才有多大？

但是，在我们苏联的狩猎事业中，灰鼠要比任何野兽都重要。光说灰鼠尾巴，全国每年就要消耗几千捆。华丽的灰鼠尾巴，可以做帽子、衣领、耳套和其他防寒用品。

去掉了尾巴的毛皮，还有别的用途。人们用灰鼠皮做大衣和披肩，做美丽的淡蓝色女大衣，既轻便又暖和。

初雪一落，猎人们就出去猎灰鼠了，连老头儿和12~14岁的少年，也到灰鼠多而且容易打到的地方去打灰鼠去了。

猎人们结成群，或者独自一人，在森林里面一住就是几个星期。他们套上又短又宽的滑雪板，从早到晚地在雪地上走来走去，用枪打灰鼠，安置和检查捕机、陷阱。

延伸思考

【举例说明】说明灰鼠尾巴的作用，可以做帽子、衣领、耳套和其他防寒用品，所以灰鼠很珍贵。

延伸思考

【动作描写】描写了人们为了打灰鼠，采用了各种方法，来回巡视、安置捕机和陷阱。

他们住在土窑里面，或者住在很矮的小房子里面（这种猎人住的小房经常埋在雪里）过夜。他们在一种像壁炉似的炉子上烧饭吃。

猎人猎灰鼠的第一个伙伴，就是北极犬。猎人没有了北极犬，就像没有眼睛似的。

北极犬是一种特别的猎狗，是我们北方特有的猎狗。就拿冬季在森林、密林里协助猎人打猎的本事来说，世界上再没有任何猎狗可以赶上它的了。

北极犬会给你找到白鼬、鸡貂、水獭的洞，会替你掐死这些小野兽。夏天的时候，北极犬会给你从芦苇丛里赶出野鸭来，从密林里面赶出琴鸡来。这种猎狗不怕水，连冰冷的河水也不怕，河里有薄冰时，它也会游过去，把打死的野鸭叼回来。秋天和冬天的时候，北极犬帮助主人打松鸡和黑琴鸡。在那个时期，这两种野禽不能靠普通猎狗的伫立凝视来猎取。可是北极犬会蹲在树的下面，对它们汪汪地叫，这样一叫，就使得它们把注意力都集中在了北极犬身上了。

在还没下雪的初寒时期，或者在大雪纷飞时，你带了北极犬打猎，它还可以帮助你找到麋鹿和熊。

要是有可怕的野兽侵犯了你，你忠实的朋友北极犬，决不会出卖你的。它会从野兽的身后咬住它们，让主人有时间来重新装上弹药，打死野兽；要么，它就牺牲自己性命。不过，最令人惊奇的是，北极犬能帮助猎人找到灰鼠、貂、黑貂、猞猁等住在树上的野兽。任何其他种的猎犬，都不会找到树上的灰鼠。

延伸思考

说明了北极犬的本事很大，它可以协助猎人打猎，没有猎狗可以和它相比，猎人们很重视北极犬。

冬天的时候，或者深秋的时候，你在云杉林、松树林或者混合林里面走着，到处是静悄悄的。随便什么地方，都没有东西在那里晃动，也没有什么东西掠过或者叫出啾啾的声音，好像周围是一片荒漠，一只野兽也没有似的。真是死一般的静寂。

延伸思考

描写了冬天树林里的寂静，像死一般，夸张写法，说明一切动物和人类都去到暖和地方去了。

可是，要是你带一只北极犬到森林里去，你就不会感到寂寞了。北极犬会在树根下找到白鼬，会从洞里撵出白兔来，会顺便一口咬住一只林鼹鼠，还会发现那些"隐身"的灰鼠——无论它们怎样躲在浓密的松枝间不露面，它也会把它们找出来。

可是，猎狗既不会飞，也不会上树，如果空中的野兽不到地上来，那么北极犬是怎么找到灰鼠的呢？

猎野禽的波形长毛猎狗和追踪兽迹的罗素硬，需要有非常好的嗅觉。鼻子是这两种猎狗的基本"工具"。这些猎狗，即使眼睛不好使，耳朵是全聋的，也照样可以干活儿。

延伸思考

这两种猎狗的特殊工具是它的鼻子，它的鼻子极其灵敏，它不用眼睛耳朵就可以找到所要捕捉的猎物。

可是北极犬却同时需要有三样"工具"——灵敏的嗅觉、锐利的眼睛和机灵的耳朵。北极犬的这三样"工具"，是同时使用的。甚至可以说，这不是北极犬的工具，而是它的三个仆人。

灰鼠在树上，刚刚用爪子抓了一下树干，北极犬那竖起的、时刻警惕着的耳朵，就已经在悄悄地告诉主人："这儿有小兽！"灰鼠的小脚爪刚刚在针叶间一闪，北极犬的眼睛就告诉主人："灰鼠在这儿！"一阵小风，把灰鼠的气味吹到下面来时，北极犬的鼻子就报告主人："灰鼠在那里！"

北极犬靠它这三个仆人，发现树上的小兽后，就叫它的第四个仆人——声音——给主人（猎人）忠诚效劳了。

延伸思考

【拟人描写】描写了北极犬的三项特殊工具，就像它的三个仆人一样，鼻子、眼睛、耳朵，靠它们找到猎物。

一只好的北极犬，发现了飞禽走兽后，决不会往那棵树上扑，也不会用爪子去抓树干，因为如果它这样做，可能会把隐藏在树上的小兽给吓跑。在这种情况下，好北极犬会坐在树的下面，目不转睛地盯着灰鼠藏身的地方看，竖着耳朵，隔一会儿叫几声。要不是主人来了，或者把它叫走，它是不会离开的。

延伸思考

猎人和北极犬默契合作，会收获更多，北极犬负责吸引猎物，猎人则躲到后面开枪。

打灰鼠的方法非常简单：北极犬找到灰鼠之后，灰鼠的注意力就整个被北极犬给吸引住了。猎人只要悄悄地走过来，不要做出任何急剧的动作，好好地瞄准开枪就可以了。

用霰弹打灰鼠，并不容易打中。可是猎人能用小铅弹打中这小兽，而且尽力打中它的脑袋，免得损害灰鼠皮。冬天的时候，灰鼠受了伤不大容易死，因此，一定要瞄得准、打得中才好。要不然，它往浓密的针叶丛里面一躲，就再也找不到它了。

猎人们还用捕鼠机和其他捕兽器捉灰鼠。

装置捕鼠机的方法是这样的：拿两块短的厚木板，装在两棵树干的中间。下面的板上竖一根细棒，支着上面的板，不叫它落下来，细棒上拴着香喷喷的诱饵（干蘑菇或者干鱼）。灰鼠一拉诱饵，上面的木板就落下来，把小兽夹住。只要雪不是很深，整个冬天猎人都打灰鼠。到春天的时候，灰鼠就要脱毛了。在深秋以前，在它们重新披上冬季华丽的淡蓝色毛皮以前，猎人是决不去打它们的。

带斧头打猎

猎人们打凶猛的小毛皮兽，用枪的机会，没有用斧头的机会多。

北极犬靠嗅觉找到洞里面的鸡貂、白鼬、伶鼬、水貉或者水獭。至于把小兽从洞里撵出来，那就是猎人的事情了。这件事做起来可不容易。

这些凶猛的小兽，在地底下、乱石堆里和树根下，为自己筑洞。当它们感到危险时，不到最后关头，是不肯离开自己的隐蔽所的。猎人不得不用探针或者铁棍，伸进洞里去搅半天，或者用手搬开石头，用斧头劈开粗大的树根，敲碎冻结的泥土，或者用烟把小兽从洞里熏出来。不过，只要它一跳出来，就没有地方逃了：北极犬是决不会放过它，会把它活活咬死的。要不，猎人也会开枪把它打死。

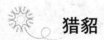
延伸思考

介绍了这些小兽的驻地，很是不容易找到，它们住在地底下、乱石堆里、树根下的洞穴里。

猎貂

猎取森林里的貂会困难一些。找出它捕食鸟兽的地方，并不太难，这里的雪会经常被踏个稀烂，而且有血迹。可是，要想找到它在饭后藏身的地方，就需要有十分锐利的眼睛。

貂在空中跑，从这根树枝跳上那根树枝，从这棵树跳

延伸思考

貂的藏身很隐蔽，它们虽然平时留有痕迹，但在饭后却隐藏的很隐蔽，不容易找到。

上那棵树，跟灰鼠一样。不过，它一路跳下去，在身后还是留下了痕迹：折断了的小树枝、绒毛、球果、脚爪抓下来的小块树皮等，哩哩啦啦地从树上落在雪地上。一个有经验的猎人，就是根据这些痕迹来断定貂的空中道路的。这条道路有的时候是很长的——有好几公里长，得非常注意，才能毫无差错地跟踪它，根据"线索"来把它找到。

塞索伊奇头一次找到貂的痕迹的时候，没有带猎狗。因此他亲自去追那只貂。他穿着滑雪板走了很久。一会儿满有把握地往前跑一二十米，因为在那儿，貂曾经降落到雪地上，留下了脚印；一会儿慢慢地往前走，全神贯注地察看这位空中旅行家一路留下的、不易看出的标志。那天，他老是唉声叹气，懊悔没有把他的忠实朋友北极犬带出来。

黑夜来临的时候，塞索伊奇仍在森林里。

这个小胡子升起一堆篝火，从怀里面掏出一块面包来吃，好歹熬过了这漫长的冬夜再说。

早晨的时候，貂的痕迹把塞索伊奇领到一棵很粗的枯云杉树前。真走运！塞索伊奇发现这棵树的树干上，有个树洞。貂一定是在这洞里过的夜，而且可能还没出来。塞索伊奇扳好枪机，右手拿着枪，左手举起一根树枝，往树干上敲了一下，然后扔掉树枝，两手端枪，准备貂一蹿出来，立刻开枪。貂却并没有跳出来。塞索伊奇又举起了树枝，照着树干重重地敲了一下，接着更重地敲了一下。

貂还是没有出来。

"唉，它睡熟了！"塞索伊奇懊恼地暗自想道，"醒来吧！瞌睡虫！"他说着，又举起树枝，拼命一敲，震得满树林都是闹哄哄的声音。

原来貂没有在树洞里面。

这个时候，塞索伊奇才想起仔细瞧瞧这棵云杉的周围。

这棵树是空心的，在树干的另外一面，在一根枯树枝下面，还有一个出口。树枝上的雪是碰掉了的，貂从云杉的这一头溜出了树洞，逃到旁边的树上去了。粗树干挡住了猎人的眼睛，因此猎人没看见。

塞索伊奇没有办法，只好再往前跑，去追貂。

猎人又在那些难以看出的痕迹之间，彷徨了一整天。

后来，塞索伊奇终于找到一个痕迹，清清楚楚地证明，貂离追它的人没有多远。这个时候，天已经黑下来了。猎人找到一个松鼠洞，貂在那里面赶走了松鼠。一望而知，这强盗在它的牺牲品后面追了很久，最后还是在地上追到它的。那只精疲力竭的松鼠，大概没有估计到自己的跳跃不行，从树上失足落了下来，于是貂就一连蹿了几下，追上了它。也就是在这里，在这块雪地上，貂把松鼠吃掉了。

是的，塞索伊奇跟踪的道路并没有走错。不过，他不能再追下去了，因为从昨天起，他就一点儿东西也没吃。他身上连一点儿面包屑也没有了，天又冷了起来。在森林里面过夜，一定得冻死。

塞索伊奇非常懊丧地痛骂着，只好顺着自己的足迹又往回走。

"只要追上这只小兽，"他在心里想着，"只要放它一

枪，问题就解决了。"

塞索伊奇再一次走过那个松鼠洞时，气呼呼地拿下肩上的枪，也不瞄准，就朝松鼠洞开了一枪。他不过是想借此发泄一下自己心头的怒火罢了。

从树上掉下一些树枝和苔藓，在那些东西落下来之前，使塞索伊奇大吃一惊的是，竟有一只细长多毛的貂，掉在他的脚旁。这只貂在临死以前，还在抽搐呢！后来塞索伊奇才知道，这种事情是常有的：貂捉住松鼠，吃到肚里后，就钻进被它吃掉的松鼠的暖和窝里去，在那儿蜷作一团，安安稳稳地睡起大觉来。

延伸思考

塞索伊奇很懊恼，就随意的一枪，竟然击中了一只貂，这使他十分惊喜，真是歪打正着。

名|家|点|评

本篇描写了在森林打猎的趣事，猎人们猎来灰鼠，用它的尾巴做成御寒衣物；猎人们还在森林里捕捉貂，貂也是非常狡猾的；还捉黑琴鸡，真是乐趣无穷！

拓展训练

1. 灰鼠有什么价值？

2. 塞索伊奇是怎样打中那只貂的？

3. 黑琴鸡怎样抓到？

打靶场

第九期竞赛

1. 虾都是在哪里过冬的？

2. 在冬天，鸟最怕的是什么？是寒冷，还是饥饿？

3. 什么是"啄木鸟打果场"？

4. 哪种夜强盗，会在我们这里的冬天出现？

5. 什么是"兔子的侧跳"？

6. 秋天和冬天，乌鸦都睡在哪里？

7. 在什么时候，最后一批鸥和野鸭会离开我们？

8. 在秋天和冬天，啄木鸟会和哪些鸟结成一伙？

9. 人们通常所说的"拖迹"是什么意思？

10. 猫的眼睛，在白天和夜里是一样的吗？

11. 人们通常所说的"重叠迹"是什么意思？

12. 人们通常所说的"雪上兔迹"是什么意思？

13. 哪种野兽冬天里除了尾巴尖以外浑身上下都是白色的？

14. 下图中画着的头骨是食草兽和食肉兽。应该怎样根据牙齿来区分开它们？

15. 没有手，没有脚；不请自来，钻进小屋。（谜语）

16. 两种东西放着光，四种东西分着放，一种东西躺地上。（谜语）

17. 水里出生却怕水。（谜语）

18. 比灰黑，比雪白；比房高，比草低。（谜语）

19. 一个男人，背着钢壳，肩膀沉重，心里高兴。（谜语）

20. 院子里有个堆垛；前面长着叉子，后面拖着扫帚。（谜语，打一种动物）

21. 天上看不见，却在地上走，一点儿都不痛，可是老哼哼。（谜语，打一种动物）

22. 没有窗户，没有门，屋子里头全是人。（谜语，打一种植物）

23. 长呀长呀长大了，爬呀爬呀爬出来，放在手掌上骨碌滚，撞上牙齿咔吧咔吧响。（谜语，打一种植物）

"火眼金晴" 第8次测试

 是谁干的事?

1. 这是哪种动物的脚印?

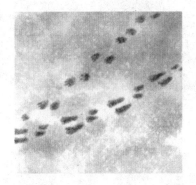

2. 在这个屋顶上，有个动物总是在一个地方转圈。到底是谁在这里？它为什么要这样做？

3. 雪里的这个小圆洞是什么？是谁在这里过夜？谁的脚印和羽毛留在这里？

4. 到底发生了什么事？为什么会有这么多的蹄印？树枝间的犄角是属于谁的？

 ## 赶快来给鸟儿办免费食堂吧

你可以直接用绳子在窗外吊一块小木板。在木板上撒点食物，比如：面包屑、干蚂蚁卵、面虫、蟑螂、煮熟的蛋屑和奶渣、大麻子、山梨果、蔓越橘、白球花果、小米、燕麦、牛蒡子等。

但是，最好还是在树上放上一个瓶子，在瓶子下面装一块小木板。在花园里安放一张带盖的饲料小桌子，防止雪落到上面。

赶快来帮助饥饿的朋友吧

你知道吗？我们的好朋友（鸟类）很快就会遇到困难了。这是它们挨饿受冻的时期。请不要再等了，立刻给它们建一些温暖的小屋子吧，比如：树洞、人造椋鸟房或者小棚子。这样，可以帮助它们躲避致命的寒冷天气。很多小鸟为了躲避北风和寒雪，就来投靠人，晚上钻到居民屋檐下、门洞里过夜。甚至有一只小鸲鹩钻到了钉在村里木柱上的邮箱里去过夜。

请你在椋鸟房和树洞里（参阅本报第一期和第二期的广告），铺上绒毛、羽毛、破布等。这样，鸟儿们就拥有了温暖的羽毛垫子了。

打靶场答案

第七期竞答题

1. 从 9 月 21 日开始。那是秋分。

2. 雌兔子。所以最后一批出生的小兔子被叫作"落叶兔"。

3. 槭树、白杨树和山梨树。

4. 不对。并不是所有的候鸟都会往南方飞。一些候鸟也会选择其他路线，比如经过乌拉尔山脉，往东方飞去。如山雀、小鸣禽靴篱莺和鳍足鹬等。

5. 因为老麋鹿的犄角很像一个木犁，所以它也被人们称作"犁角兽"。

6. 黑琴鸡里的雄琴鸡。这些话模仿了它们的鸣叫声。雄琴鸡在春秋两个季节里就是这么叫唤的。

7. 脚印形成一条线的是生活在地上的鸟；脚印印成两行的，是生活在树上的鸟。生活在地上的鸟，为了适应走路的情形，它们的脚趾走起路来会大大的张开。这种鸟走路是双脚交替向前行进的，因而脚印会形成一条线。至于生活在树上的鸟，脚则要适应抓紧树枝，所以脚趾靠得很紧。这种鸟在地上的时候不是走路，而是蹦跳着前进，因此它们留下的脚印也就是印成两行的。

8. 这表示下面的森林里有负伤的动物，或者有动物的尸体。

9. 因为雌鸟明年的时候，会在这个地方孵化出一窝雏鸟。如果这个时候打死了雌松鸡和雌琴鸡，它们就要被迫搬离这里，不会回来了。

10. 属于蝙蝠的。因为它的脚上长有皮蹼膜。

11. 它们中的大多数，会在第一波寒流来袭时死掉。剩下的一小部分会钻到水栅栏、树木或木屋的缝隙里，还有的会钻到树皮里，在那里度过寒冷的冬天。

12. 把脸朝向西方太阳落山的方向。因为在晚霞中，这样能更清楚地看到在天空中飞过的野鸭。

13. 当猎人没有打中鸟的时候。

14. 秋播作物。今年秋天播种下去，来年夏天收获。

15. 金腰燕。

16. 树叶子。

17. 下雨。

18. 狼。

19. 麻雀。

20. 白蘑菇。

21. 夏天，桑悬钩子；秋天，榛子。

22. 稻草人。

第八期竞答题

1. 上山跑起来方便。兔子的前腿短，后腿长而有力，所以上山跑得非常轻快。它们从很陡的山上往下跑的时候，就可能会栽跟头。

2. 这个秘密就是，等到树叶落光的时候，我们可以很清楚地发现夏天藏在茂密枝叶里的鸟巢。

3、松鼠。它把蘑菇拖到树上，穿在细细的树枝上。到冬天找不到食物的时候，就靠这些蘑菇来充饥。

4. 水老鼠。

5. 这种鸟不是很多。猫头鹰会把死老鼠藏在树洞里；松鸦会把橡实、坚果藏到树洞里。

6. 蚂蚁把蚁巢里所有的出入口都封堵上，然后挤成一团过冬。

7. 空气。

8. 黄色或者褐色。这是在发黄的植物的映衬下显现出来的颜色，比如乔木、灌木、草的颜色。

9. 夏天。因为秋天它长着一层厚厚的脂肪，变得特别胖，羽毛也比春夏的时候更加浓密，脂肪层和厚羽毛可以保护它防御霰弹的攻击。

10. 是蝴蝶的。（这是透过放大镜看到的）

11. 蜘蛛有 8 只脚，昆虫有 6 只脚。所以，蜘蛛不可以称作昆虫。

12. 到水里去了，躲到石头下、躲进坑里、钻进淤泥里或者藏在青苔下面；有的甚至会钻到地窖里去藏身。

13. 每一只鸟的脚，都是非常适应它们的生活环境的。生活在地上的鸟，需要常常在地上行走，所以脚趾是直直的并且大大地张开着的，脚（踝骨）长得很高。生活在树上的鸟需要经常站在树枝上，所以它的脚趾弯曲着，靠的很拢，可以强有力地攀紧树枝，并且为了使重心稳定，脚会长得很短。水禽的脚则因为要适应水中的生活，所以要长得像支小桨一样能够划水，因此鸭子的脚趾之间长有相连的肉蹼，鹏的脚趾上也有很硬的瓣膜，可以帮助脚在水下自如地划动。

14. 田鼠。因为它的脚要适应挖土，就像鱼的鳍要适应游泳一样。

15. 猫头鹰竖起的"耳朵"，其实只不过是羽毛。真正的耳朵藏在这些羽毛下面。

16. 从树上掉落的叶子。

17. 河水上的泡沫。

18．莕草。

19．地平线。

20．过第四年。

21．鸭子，鹅。

22．亚麻。

23．公鸡。

24．鱼。

 第九期竞答题

1．在河边或湖边的洞里。

2．鸟最怕饥饿。例如野鸭、天鹅、鸥，如果它们能找到可以充饥的东西，就会留在原地过冬；也就是说，一些地方的水在没有被冰冻封住以前，它们是不会飞走的。

3．啄木鸟把球果塞进大树或树墩的缝隙里，固定好球果，再用嘴巴对球果进行加工。在"啄木鸟的打果场"的树下的地面上，经常会堆起一大堆被啄木鸟啄剩的球果壳。

4．北方的白猫头鹰。

5．兔子从一行脚印中间跳向旁边。

6．从黄昏开始，在果园里、丛林里和树上，就聚集着一大群鸟儿。

7．当最后一批湖泊、水塘和河流冰封的时候。

8．秋天（和整个冬天），啄木鸟和成群的山雀、旋木雀及其他的鸟组成一个专业的团队。

9．兽从雪里拔出爪子的时候，会从小雪坑里带出非常少量的雪，在雪上留下了爪印。这种爪印被称作"拖迹"。

10. 不一样的。白天，在阳光的照射下，猫的瞳孔很小；夜里没有光线的时候，它的瞳孔就会变得很大。

11. 这些脚印，是兔子来回跑了两趟留下来的。

12. 兔子在雪地上留下的脚印。

13. 貂。

14. 猛兽的颚骨，根据它们突出的长犬齿很容易被认出来；犬齿是猛兽用来撕开生肉等食物的牙齿。食草动物的牙齿，则是要把植物扯下来咬断，这也是为什么食草动物的犬齿并不突出，但门牙却比较有力的原因。

15. 风。

16. 狗睡觉；眼睛放光，四肢伸开。

17. 盐。

18. 喜鹊。

19. 猎人背着猎物、带着枪。

20. 公牛。

21. 猪。

22. 黄瓜。

23. 榛子。

"火睛金睛"竞赛答案及解析

6

图1. 是野鸭到过这个池塘。在水面沾着露水的蒲草和浮萍那里，有一条条的痕迹。你可以注意查看一下。那就是野鸭来这里时留下的痕迹。那是它们在这蒲草间走来走去和在水里游来游去时留下的。

图2. 靠近地面的白杨树皮，是被兔子啃掉的。

图3. 高处的树皮，不是兔子啃的。因为兔子不能到那么高的地方去啃树皮，它够不到。这应该是一种个儿很高的野兽干的。对，是麋鹿干的，是它把细嫩的树枝咬断了吃掉的。

图4. 是勾嘴鹬。小十字是爪子印，而那些小点子是勾嘴鹬跑到林中的道路上来，沿着水洼的淤泥岸边寻找吃的东西（蚯蚓等软体动物）时留下的。

图5. 是狐狸干的好事。狐狸捉住刺猬后，先把它弄死，然后从没有刺的肚子吃起，全部吃光，只留下刺猬的整个外皮。

7

图1.（甲）这是交嘴鸟（一种嘴巴上下弯曲交叉的鸟）做的事。它们用爪子抓住树枝，啄下球果，从球果里啄出一些云杉子，然后就把球果扔掉。

（乙）在下面的地上，松鼠把交嘴鸟扔掉的没吃完的球果拾起来，跳到树墩上，把它吃完，只把球果的核剩下来。

（丙）林䶄鼠，它在吃榛子的时候，在榛子壳上啃个小洞，从这个小洞里把榛子仁吃光。而松鼠在吃榛子的时候，是把榛子连皮一起吃掉的。

（丁）松鼠，它把蘑菇晾在树枝上，晾干了储藏起来，到挨饿的时候，它就有储存的食物可以充饥了。

图2．这是啄木鸟干的事。它像医生给病人听诊那样，把长了虫的树干的害虫幼虫给敲出来。它围着树干跳着移动，在树干上敲着，于是它坚硬的尖嘴就在树干上凿出一圈小洞。

图3．金翅雀非常喜欢牛蒡的头状花。

图4．这是麋鹿做的工作。它在这里站了很久。看它把这里弄得乱七八糟的！周围都是它吃剩下来的食物：它推倒了小白杨树、小赤杨树，或者小花楸树，之后，把它们啃干净；它还吃掉了大树上的一些新鲜嫩枝的梢儿，而且是把树枝先弄断才吃的。

8

图1．这是狗追白兔的脚印。兔子在雪地上留下一跳一跳的脚印。后面狗的脚印又偏又斜地追赶着它。

图2．夜里，灰猫头鹰曾待在这个屋顶上。它在这里守候着经过这里的老鼠，它在上面待了很久，灰脑袋向四周转个不停，它来回地徘徊着，于是留下一些小星星似的脚印。

图3．黑琴鸟曾在这里的雪底下过夜。它们在自己的雪卧室里留下了脚印痕迹和几片羽毛；飞走的时候，还留下了　个个小窝窝。

图4．其实这里什么事儿也没发生。只不过有一只麋鹿曾在这里停留过一会儿。它到了换角的时候了，因此老待在一个地方不安地转来转去，把犄角在树上反复地拼命磨。最后终于将一个犄角磨断，卡在树枝上了。不过，不用替它担心，春天到来之前，麋鹿还会生出新角来的。